孩子受益一生的

专注力训练

芮彩琴◎著

民主与建设出版社
·北京·

图书在版编目（CIP）数据

孩子受益一生的专注力训练 / 芮彩琴著 .-- 北京：
民主与建设出版社，2020.3（2023.3 重印）
ISBN 978-7-5139-2898-4

Ⅰ．①孩… Ⅱ．①芮… Ⅲ．①注意－能力培养－儿童
读物 Ⅳ．① B842.3-49

中国版本图书馆 CIP 数据核字（2020）第 014486 号

孩子受益一生的专注力训练
HAIZI SHOUYI YISHENG DE ZHUANZHULI XUNLIAN

出 版 人　李声笑
著　　者　芮彩琴
责任编辑　程　旭
封面设计　平　平
出版发行　民主与建设出版社有限责任公司
电　　话　（010）59417747　59419778
地　　址　北京市海淀区西三环中路 10 号望海楼 E 座 7 层
邮　　编　100142
印　　刷　天津旭非印刷有限公司
版　　次　2020 年 3 月第 1 版
印　　次　2023 年 3 月第 11 次印刷
开　　本　710 毫米 ×1000 毫米　1/16
印　　张　14
字　　数　138 千字
书　　号　ISBN 978-7-5139-2898-4
定　　价　42.80 元

注：如有印、装质量问题，请与出版社联系。

引言

Introduction

焦虑的妈妈，你的关注点可能搞错了

如今，我们要操心的事情是越来越多：房子、车子、工作、交通、环境……但对于妈妈们来说，最操心也最揪心的事，莫过于孩子的成长以及他们的行为表现。在妈妈的心里，再也没有比这个更大的事了！

孩子是我们生命的延续，我们把很多希望都寄托在孩子身上，可孩子的表现往往让我们失望，对此我们只能是无可奈何。

看到儿子的年级排名又下降了，听到老师毫不客气的“训斥”，一位妈妈禁不住流下了眼泪，心里说不出的委屈。

这位极度焦虑的学生的家长对我说：“芮老师，我什么招数都用上了，为什么孩子的成绩就是上不去呢？您一定要帮我出个主意，我都快急疯了。”

我完全能理解这位妈妈的心情。而且，这不是个别现象，而是许多家庭都会遇到的难题。我先问了她这样一个问题：“你们家的孩子有上课心不在焉、边做作业边玩、作业出错率高、考试粗心的表现吗？”

这位妈妈听到这个问题后傻眼了，说：“这说的不就是我家的孩子吗！”

我对她说：“你觉得如果这些问题不解决，孩子的成绩会上去吗？”

孩子成绩上不去，父母的惯性思维就是万年不变的“三板斧”：找名师、请家教、增加学习时间。效果如何？好像都不太行。原因很简单，没有找到孩子问题的症结所在。

焦虑的家长们可能都搞错了——所谓“三板斧”虽然势大力沉，却没砍准地方。

有位中学校长请一位考上北大的毕业生为在校学生介绍学习经验。

校长问他：“你打算讲些什么内容？”

他说：“我就讲上课要认真听讲。”

校长诧异地说：“这算什么经验？”

他说：“您仔细观察一下，在您的课堂上，有多少人能做到全神贯注听讲10分钟以上？有多少人能全神贯注听讲20分钟以上？有多少人能全神贯注听讲30分钟？一节课40分钟都能全神贯注听完的学生一定是个位数，这样的同学想学习成绩不好都不可能。而那些上课只专心致志听10分钟课的同学，要是成绩能好就不可思议了。”

听了这番话，校长回顾了一下自己的课堂，然后对比分析了一下学生的成绩，证实了他的说法。

随便问一位成绩优异的学生，他或她在上课和写作业时是否会分心，得到的回答必然是：“不会！”

随便去问一位学校老师：“如果孩子上课认真听讲，做作业时还全神贯注，成绩还会差吗？”得到的回答一定是：“怎么可能？”

现在，我们就可以具体捋一捋思路了。平时在学校课堂上只能专心听讲10分钟的学生，到了补习班也还是只能听10分钟——他的学习效率只有优异者的四分之一。别人学4小时能掌握的知识，他得学16小时。如果一个孩子一天要学习16个小时，不产生厌学情绪才怪呢！

心理学家把情绪分为增力型情绪与减力型情绪两种。

厌学情绪显然属于减力型情绪，它对一切行为效益尤其是学习行为效益的损害极大。古人说："知之者不如好之者，好之者不如乐之者。"如果一个孩子对学习活动既不"好"，也不"乐"，取而代之的是"恶"与"厌"，那么他的成绩必然上不去。

由于孩子成绩不好，家长必然会加大补课力度；由于加大了补课力度，必然会进一步加剧孩子的厌学情绪……如此恶性循环，事情就会越搞越糟。也许，一个可造之才就这么被浪费、被埋没了。

我并不反对孩子上补习班，孩子的知识系统有薄弱之处时，的确需要补习。但我想问大家这样一个问题：如果孩子上课不专心听讲，课后又无法做到全神贯注地做作业，上补习班有什么用？课内不能认真听，难道课外就能认真听吗？这其实就是花钱买安慰，自己骗自己。

我们的建议是：在上补习班之前，至少是在上补习班的同时，要训练孩子的专注力。

在我的职业生涯中，有两个孩子给我留下了特别深刻的印象。

一个孩子的智商高达142，是我做过智力测验中得分最高的。可这个孩子从小学到高中一直成绩不佳，后来只考了个大专，工作后也没多大成就。

他的短板就在专注力上，可他的父母一直拒绝承认，更拒绝训练孩子的专注力。

另一个孩子的人生轨迹可以用“辉煌”二字来形容：他中学上的是人民大学附中天才班，然后保送清华大学数理基础班，大学毕业后又考入了美国哥伦比亚大学。

这孩子不仅学习好，玩起来也是好手——踢足球、玩游戏样样精通。所有人都说他是个天才，但经过测定，他的智商只是129。原来，他只要坐到书桌前学习，就会像入定一般专注，在他身上，充分体现了高效学习的特征——不是抓紧每一分钟去学习，而是抓紧学习时的每一分钟。

事实证明：当智商达到正常值以后，决定孩子未来发展的关键要素就是专注力。

我每年在线下会做近百场的讲座。每次做完报告后，都会有不少家长与我交流。他们多数都是和我谈孩子的学习成绩，也有少部分家长为孩子学习之外的一些坏的行为习惯烦恼——站没站相，坐没坐相；动作不停，行为疯狂；在班上打架，在小区里也惹事……

对于这些问题，家长和老师可没少花心思去管教——苦口婆心地进行思想教育、制订各种各样的规定和惩罚措施，有的家长甚至连打骂都用上了，可孩子就是屡教不改。

问题到底出在哪里？有人说，是孩子脾气不好；有人说，是孩子的思想有问题，故意调皮捣蛋；也有人说，是孩子天生就“坏”。

但是，焦虑的家长们，你们可能搞错了，孩子出现这些状况，可能不是他们的思想出了问题，也不是他们调皮捣蛋，他们更不是天生的坏孩子。

他们的问题出在了专注力上，这需要从生理和心理两个方面去找原因。

读到这里，你可能会有两个疑惑：

第一个疑惑，说孩子分心走神、缺乏时间观念与不专注有关可以理解，可孩子多动、冲动怎么又和不专注扯上了关系呢？

第二个疑惑，孩子只是在平时学习时表现不好、不听话，怎么要从生理和心理上去找原因呢？

下面我来为大家一一解惑：

第一个疑惑：

孩子多动、冲动的本质原因是缺乏自控力。自控的前提是能够意识到自己正在干什么、应该干什么、不应该干什么。要做到这些，都需要专注力的参与和监控。

心理学领域中，专注力缺失是通过以下四个方面的典型表现来界定的：

分心：不能自始至终完成一件事，不能集中注意力去听或看，容易走神，在完成需要持续注意的任务时有困难，不能把注意力集中到一个问题上。

行为冲动：思考后发于行动，注意力容易转移，在组织活动时存在困难（而且不是因为认知方面的缺陷）且需要严格的监督，经常控制不住自己，在游戏中不能长久等待。

活动过度：不能安静地坐着，喜欢不停地走动和爬上爬下，爱说话，睡眠中无法保持安静。

缺乏时间观念：不知道什么时间该做什么事，对用多长时间完成一件事缺乏意识，没有时间紧迫感。

本书的主体内容，将围绕上述四个方面的训练展开。

第二个疑惑：

有的孩子由于生理或心理原因，缺乏良好的专注力，控制不了自己的行为。

我团队里的一个成员曾经在美国做过两年的儿童专注力研究。她曾经遇到过这样一个孩子——上课时手脚总是动个不停。

老师对他说："你的手脚不要总是动，你要做个好孩子。"

孩子回答道："老师，我也想做个好孩子呀！可我的手脚不是好孩子，它们不听我的话。"

这孩子在不经意间揭示出了事实真相：他们是"不能"而非"不

愿”做个好孩子。“不能”与“不愿”有着本质区别：一个是能力问题，一个是态度问题。

正如我们每个人参加考试都想答对每一道题一样，可最后还是有不少错误，这是我们的本意吗？当然不是，是我们在知识与能力方面有所欠缺。

一般性的教育可以解决态度问题，但无法解决能力问题，这也是老师和家长的管教措施收效甚微的根本原因。因为这些方法矫正孩子的生理和心理偏差，也没有触及社会环境和教养方式。

所以，有关专注力的培养，科学家更多是用“训练”，而非“教育”这个词汇来表述。

家长朋友们在阅读本书时，可能脑海里会时不时浮现自家孩子的身影，不停地对照比较，进而发现自家孩子的问题所在，并寻求解决方案。

也许你已经发现了自家孩子在专注力方面的不足，并决定加强这方面的培养与训练。同时在心中定下一个“小目标”，把孩子的专注力水平提上去，让孩子的成绩有较大的提高。

到我工作室来咨询的家长们常常都是瞒着孩子，多数是苦着脸向我描述自家孩子的问题——这是因为在传统观念中，人们习惯给不专注的孩子贴一个标签——“问题儿童”。

但是，焦虑的家长们，你们可能又搞错了。不专注的孩子其实暗藏天赋，他们具有成为卓越人物的潜质。

不专注是他们的一个特点，这个特点中既包含缺点，也包含优点。这不是忽悠你的话，也不是宽慰你的话，而是告诉你一个事实，一个被许多人证明了的事实。

我们不是在治疗“问题儿童”，而是在塑造卓越者！

请把你的期望值再提高一些，以培养卓越者的心态对待你的孩子。

古人说：“取法于上，仅得其中；取法于中，故为其下。”意思是说，以上等作为准则来效法，只能得到中等的效果；以中等作为准则来效法，只能得到下等的效果。

不专注的孩子本就具有成为卓越者的能力，我们却偏偏把他们当成“问题儿童”，以恢复正常为培养目标，世界上还有比这更让人难以理解的事情吗？

塑造卓越者是一个巨大的工程，需要我们用爱心、高水平的教育方法和持之以恒的努力。

我本人从事儿童、青少年专注力培养与训练的研究与实践工作已有二十多年了，数以千计的案例积累，算得上是一个资深从业者了。我想通过本书与所有家长分享儿童、青少年专注力培养与训练的经验——尤其是那些实用又可操作的方法，让孩子成为他们本来就可以成为的卓越者！

让我们携手同行。

推荐序

Recommendation

孩子不专注这样教

芮彩琴老师的新书即将面世，嘱我作序。借此机会，我想谈谈自己对孩子专注力培养与训练的一些看法，以及对本书的感受。

学习是一种认识活动，工作原理是：将外部信息（学习内容）输入大脑，然后大脑对这些信息进行加工处理，储入记忆仓库，在需要这些信息时，把它们提取出来，解决当前所面临的问题。

将外部信息顺利输入大脑，是学习活动的前提。信息输入的数量与质量，决定了一个人学习活动的效率与效益。

生理学家告诉我们：外部信息进入大脑，需要通过两套投射系统的协同作用：

一个系统是特异性投射系统，它由感受器（如眼睛）、传入神经、中枢神经所组成，其功能是把特定信息传递到大脑的特定部位。比如，视觉信息为眼睛所感受，通过传入神经传递到大脑枕叶，头脑中就会出现一幅画面。听觉信息为耳朵所接受，通过传入神经传递到大脑颞叶，就会听到声音，其他感知觉也是如此。

不过，光凭这一套系统，还不能实现上述功能，还需要另外一个系统，即非特异性投射系统的协同配合。非特异性投射系统的功能不是传递特定信息，而是激活特异性投射系统，使之处于工作状态。

特异性投射系统好比工厂里的机器，非特异性投射系统就是驱动机器运转的动力。就好像在没有电的状态下，机器无法运转，所以，非特异性投射系统发挥的作用就是保持注意力。因为人一旦集中注意力，就会保持意识的清醒度与警觉度，能够将心理活动指向并集中于当前最有意义的活动，从而得到特别清晰的反映。

为了说明这一现象，我给大家举一个例子：某学生上课时在睡觉，睡着了之后，他当然完全不知道老师所讲的内容。但即使是他睡着了，但他人在课堂啊，为什么会听不到老师的讲课声呢？是这个学生的听觉系统损坏了吗？

答案是没有，他的听觉系统完好无损，只不过是没有处于工作的状态，当然就接收不到外部的信息。这个学生要想有个好成绩，自然是不可能的事情。

在心理学家公认的智力结构中，包含五种能力，即：观察力、记忆力、想象力、思维力和注意力。注意力既是智力结构中不可或缺的一个部分，同时，它还是其他几种能力形成与发展的基础。

因为观察、记忆、想象、思维都属于认识活动，观察力、记忆力、想象力、思维力只有在认识活动的过程中才能形成和发展起来，而所有这些活动必须要有注意力的参与。

从某种意义上说，注意力的水平决定了观察力、记忆力、想象力、思维力的水平。

其实，重视孩子注意能力的培养，在教育学界、心理学界从来就不是一个新鲜的话题，问题是在培养与训练的方式上还存在诸多缺憾。传统教育中，对孩子注意力培养主要体现在课堂上，由教师通过种种教学手段，来增强学生的注意力。实际上，这项工作已超越了教师工作的边界，大部分教师都有力不从心之感。客观地说，他们没有时间，也缺乏相应的技能去完成这项工作。

另一方面，对于存在注意障碍、多动缺陷儿童的专注力教育也很缺乏。坦率地说，心理学界对药物疗法持审慎态度，不仅是因为药物本身有副作用，“病人角色”的心理，也会影响孩子的健康成长。

我到芮老师工作室拜访过，在她那里，我看到了新型的专注力训练方法，那就是集脑电生物反馈技术、心理训练、家庭辅助训练为一体的专注力培养训练方案。这是一种健康而有效的训练方案，周期可能长一些，效果也没有药物那么快，但这种训练法没有副作用，并且效果不会退化，这让人感到十分欣慰。

在她的训练方案中，有两块内容颇具新意。

一是脑电生物反馈，这是把脑科学的技术引入到了教育领域之中。北京师范大学校长、著名心理学家董奇说：“未来教育的重要特征之一就是要基于脑、适于脑、促进脑。”可见脑科学的技术对于教育的作用有多大，也证明了芮老师的教育理念走在了国内专注力教育的前列。

二是创建了一套包括家长教育与家庭训练专注力训练方案，并且带有明显的游戏特征。在我看来，无论是采取哪一种训练方法，如果缺少家庭的积极配合，都很难获得成功。

芮老师把家庭辅助训练系统的精华内容写成本书，势必会让更多的家长从中受益，这实在是件大好事。

我认为，本书有这么几大特色：

1. 科学严谨。虽然这是一本亲子家教类的图书，但在科学性上绝不含糊，言之有据，不夸大、不忽悠。

2. 内容实在。芮老师做过上千个孩子的专注力训练，"为有源头活水来"，以实实在在的案例为基础，可读性与可实践性当然很高。

3. 操作性强。书中针对孩子的多个不专注现象，比如"分心走神""作业拖拉""多动""冲动"等，给出具体解决方案，让家长朋友们可以应用于孩子身上。

每个有专注缺陷的孩子，其实都暗藏天赋。一个具有高度专注力的孩子，才能在未来取得非凡的成果。但孩子的专注力问题，也是我们亟待解决的问题。

希望每个读完此书的家长，都能正确认识孩子不专注的行为；都能为孩子找到一个适合的教养方案，培养出健康、快乐、全面发展的优秀孩子。

南京师范大学发展与教育心理研究所所长、博士生导师 谭顶良

2019年11月

目录

contents

第一章

专注力不够的孩子其实暗藏天赋

Chapter 01

1.1　“问题孩子”被隐藏的9种天赋

2008年北京奥运会，有一位美国游泳运动员取得的辉煌成绩让人赞叹不已，一个人就获得了8块金牌——他就是迈克尔·菲尔普斯。当溢美之词铺天盖地而来时，大家不会想到——他曾被确诊为ADHD——他的童年是在挫折、自卑和拼搏中度过的。

ADHD，即注意障碍多动缺陷症，也就是我们常说的多动症。在上课时，菲尔普斯的注意力无法长久集中，总是动来动去的。因为这一点，老师们要求他的父母将他带回家治疗。

为了给菲尔普斯建立自信，父母决定送他去学习游泳。他的两个姐姐都是远近闻名的游泳健将，因此他的父母认为他也会有游泳天赋。可刚开始的几周时间，无论大家如何劝说和鼓励，菲尔普斯始终不肯下水——他无法克服自己对水的恐惧。

后来，情况发生了戏剧化的逆转。

菲尔普斯11岁那年，拜鲍勃·鲍曼为师，每周刻苦训练7天，每天待在游泳池里至少5个小时，每周游8万米。上课时常常分心的菲尔普斯，训练时却有着异于常人的专注与坚持。

还有大家熟知的英国首相丘吉尔，他小时候也是一名“问题儿童”。

在回忆录中，他说：“**我小时候的成绩是全校倒数第三，最后两位同学没上几天学就因病相继退学了**。”

那时，哈罗公学的教师会按照孩子的名次进行点名，丘吉尔每次都是最后一个被叫到，以至于他的父亲伦道夫·丘吉尔勋爵也连带被人嗤笑：“瞧，这就是伦道夫勋爵的儿子，全校最后一名！”

丘吉尔不仅成绩差，还被贴上“淘气”“贪吃”“惹祸精”，甚至“极端恶劣”的标签。他的一位小学老师形容他说：“这个满脸通红的小矮个儿是班里的头号淘气包，可能全世界的孩子里也数他最淘气了。”

他经常搞恶作剧，拿别人开心，有一次更是因为与同学打架，被对方扇了一耳光，便打破了附近的一扇窗户泄愤，而被校长动用了鞭刑。

像这样被大家认为是“问题儿童”的孩子，在日后能取得巨大成功的其实不是奇迹，也不是偶然事件。在这些孩子身上，本来就具有一些可贵的心理品质，只不过这些优秀品质彼时处于隐藏状态。

也许你会问：这么淘气的孩子，学习成绩也不好，他们还暗藏天赋？我怎么就没有看到呢？

你确实没有看到，但这并不表明它们不存在。你没有看到的原因，是因为习惯戴着有色眼镜去看孩子，而不是全方位地去看待孩子的优缺点。常言道：换个角度看世界，世界就是别样的风情。看孩子，也是如此。

说起孩子的不专注，很多父母可以列举出一大堆孩子的“坏毛病”：容易分心、多动又冲动、行为笨拙、固执、反复无常、情绪不稳定……

在说完这些缺点后，我们可以尝试着换个角度看这些缺点。也许你会发现，这些令人讨厌的缺点背后，其实隐藏着孩子非凡的才能——如果孩子的这些才能被重视、被发掘，将来甚至可能成为一个卓有成就的人。

容易分心：是因为他们对世界充满了好奇。好奇心是一切发明创造的心理基础，爱因斯坦说：“好奇心是科学工作者产生无穷毅力和耐心的源泉。”那些对世界上发生的一切都熟视无睹，把任何事都看成理所当然的人，很难有什么发明创造。

多动又冲动：是因为他们充满活力，精力旺盛，这证明他们是身体健康的孩子。

行为鲁莽：是因为他们有激情。激情有消极与积极之分，拥有消极激情的人可能会惹事，做出对自己、对他人、对社会有害的事情；但积极的激情，却是人生不可或缺的正能量。

无法长时间停留在一个想法上：也正因为如此，他们的想象力和联想才如此丰富。

童年时期的爱因斯坦有一次不小心从梯子上摔了下来，他马上想：“人为什么是笔直地摔下来的呢？”经过认真思考，他认为物体是沿着阻力最小的行程运动的，这为他后来研究广义相对论带来了很大的启发。

很多人都摔过跟头，但很少有人会像爱因斯坦一样，去思考摔跟头的原因和姿势。

行为笨拙：这也许是因为他们正全身心投入正在做的事情，而忽略了其他事情。有很多了不起的名家也做出过类似的事：牛顿煮鸡蛋时把手表也放进去煮了煮；陈景润走路撞到树上，还连声说“对不起”；爱因斯坦干脆连自己家住哪里都忘了……

有时，行为笨拙真的只是表象，我们唯有透过表象，才能真正地挖掘出孩子的潜能。

做事杂乱无章、心血来潮、想一出是一出：这是孩子自动自发工作的萌芽，也是奇思妙想出现的开端。

通过仔细观察，你就会发现：如果某件事是他们想干、愿意干、有兴趣干的，他们会义无反顾地全身心投入，百折不挠，直至成功。

这是一种以“万事不为稻粱谋”为主要特征的内部动机，成大事业者，都是在这种动机的作用下去工作、去学习的。

固执：这恰恰是坚持精神的开始，表明他们不轻言放弃，是一种可贵的心理品质。

反复无常、让人捉摸不定：表明他们更善于打破思维定式，不拘泥于通常的做法。

情绪不稳定：这是他们对新事物有敏锐的感觉后的自然反应。

正因为“问题孩子”暗藏天赋，他们才会从不被人看好中脱颖而出，成为杰出的人物，比如爱因斯坦、爱迪生、安徒生、丘吉尔、巴顿将军、汤姆·克鲁斯、菲尔普斯……

没想到吧，就连专注力研究领域的全球领军人物——哈佛大学心理学教授爱德华·哈洛韦尔，小时候也是个注意力不集中的孩子。

1.2 期望效应：你嘴上说的，就是孩子的未来

在有些人眼中，世界是冷酷灰暗的；而在另一些人眼中，世界是温馨璀璨的。对待世界不同的心态，造就了截然不同的人生。

取向决定未来，这已经被反复验证过了。你的取向关乎孩子未来的人生走向，这绝非危言耸听！

下面我们来看一看“期望效应”的力量。

古希腊有一个古老的神话：塞浦路斯国王皮格马利翁性情孤僻，却精于雕刻。他不喜欢塞浦路斯的凡间女子，决定永不结婚，但他用自己神奇的技艺，雕刻了一座美丽的少女像。

因为这座少女像倾注了自己全部的心血和感情，他竟疯狂地爱上了自己创造的作品，像对待自己的妻子那样装扮她，为她起名加拉泰亚，并向神乞求让她成为自己的妻子。终于，爱神阿芙洛狄忒被他的痴情所打动，赐予了雕像生命，并让他们结为夫妻。

期望的力量真的如此之大吗？它对孩子有什么影响力呢？

美国著名心理学家罗森塔尔和雅可布生精心设计了一个心理学实验：他们从一所小学里的一至六年级中，各选了3个班的学生进行“发

展测验”。

然后，罗森塔尔和雅可布生将一份优秀学生名单交给了老师，并告诉他们名单上的孩子都有优异发展的可能。

老师们很疑惑，名单中的孩子有些确实很优秀，但也有些表现平平，甚至水平较差。对此，罗森塔尔解释说：“我讲的是发展，而非现在的情况。”

因为罗森塔尔和雅可布生在心理学界名望很高，老师们便对此深信不疑。罗森塔尔告诉老师们这份名单不可以外传，只能他们自己知道。

8个月后，两位心理学家再次来到这所学校，并对学生的成绩进行复试。结果发现，他们上次认为有优异发展的可能的学生们成绩有了显著进步，而且性格也变得更为开朗，求知欲望更强，更敢于发表意见，与老师的关系也特别融洽。

难道罗森塔尔和雅可布生真有如此高水平的识人之术吗？非也。原来，这只是他们进行的一次期望心理实验。他们压根就没有做什么“测试”，提供的名单完全是随机抽取的。

但这一切老师们并不知道，他们不过是受罗森塔尔“权威”的影响，在潜意识中对这些学生寄予了更多的厚望，在上课时，给予这些学生更多的关注，并通过眼神、笑貌、音调等各种方式向这些学生传达出“你很优秀”的信息。

学生们在受到老师的关爱后，开始变得更加自信、自爱、自尊、自强，变得更加乐观，奋发向上的血液在他们的血管中奔涌。慢慢地，他们真的不负所望地变得越来越优秀。

罗森塔尔借用希腊神话故事，将这个实验命名为“皮格马利翁效应”，学术界亦称其为“罗森塔尔效应”或“期望效应”。

每当我与家长们交流时，通常都会被他们迫不及待地追问：“到底有什么好方法可以迅速提升孩子的专注力？”

我总是对他们说：“我们不妨先把理念搞清了，只要方向对了，具体改正方法反倒是最容易的。不同的理念与取向，决定了我们对待孩子的方式与方法，也决定了孩子未来将成为什么样的人。”

对待孩子的不专注行为，父母们通常会用以下几种方法来对待：

第一种：不闻不问，听之任之，由着孩子自由发展。

这类父母大多受到一种错误观念的影响——认为不专注的现象会随着孩子年龄增长而消失。但这种观念其实是错的，不专注的行为会伴随一个人的一生。我们做咨询时，常常能看到成人的大多数问题，都与不专注有关。严重者还会引发其他心理问题，会给正常的工作、生活带来诸多负面的影响。

但值得庆幸的是，这类家长现在已经越来越少了。

第二种：把孩子当“问题儿童”或病人。

这种对待方法通常会将孩子最终塑造成一个平庸者。他们往往认为，病人能看好病就不错了，哪敢有更高的奢求？

这也是目前绝大多数家长的心态与观念。但这不是什么积极的理念与心态，这种心态极可能埋没那些有天分的孩子。

第三种：把孩子当成卓越者来培养。

把孩子当成卓越者来培养，才是最正确的做法。我们不要被孩子眼前的问题所蒙蔽，要相信其实孩子天赋异禀。

如果我们的目标与期待，仅仅是把孩子的不专注行为消灭掉，那么我们塑造出的孩子可能是一个平庸者。但如果我们调整目标与期待，就会培养出一个卓越者。

优势取向或缺陷取向——家长是否具有不同的理念——的确会成就孩子不一样的人生。

如果我们的教育理念是问题取向，期望是解决不良行为的，那我们就会在无意识中将孩子视为“问题儿童”。一个人如果长期被赋予某个角色，他就会进入角色，为角色所同化，进而表现出与该角色一致的行为特征。这是一件非常可怕的事。

斯坦福大学心理学教授菲利普·津巴多曾和他的同事一起向世界证明了这一观点：

在一次试验中，他们在斯坦福大学的心理学系办公大楼地下室里建了一所“监狱”，以每天15美元的价格雇用24名学生来参与实验。这些学生大都情绪稳定、身体健康、遵纪守法。而且，在人格测验中，他们的得分均属正常水平。然后，实验者对学生进行随机角色分配，一部分人演“警察”，另一部分人演“罪犯”。

“罪犯”回到自己的公寓，“警察”则穿上警服，带着警棍、手枪，开着警车到“罪犯”家中去实施抓捕。

实际上，抓捕的过程可以用极不严肃来形容，“警察”和“罪犯”们笑成一团，彼此感到有趣又好玩。心理学家则在一旁不做任何干预。

进“监狱”后，“警察”做起了看守，“罪犯”则成了囚徒。刚开始，双方还隔着铁栅栏聊天，因为大家都没事可做。

但事情从第二天开始出现了明显变化。

看守者开始表现出虐待囚犯的倾向，囚犯起初还会反抗，对警察说：“你又不是真警察，我又不是真罪犯，只不过抓阄时你手气好点而已。”可惜，他们的反抗没过几天就销声匿迹了，囚犯们开始越来越认同自己的角色，出现讨好警察的倾向。

这个实验原本打算进行半个月，但由于效果太过骇人，一个星期后，心理学家们就不得不结束了实验。

而在往后的一年，心理学家需要对参加实验的人进行心理辅导，以帮助这些学生再度回到原先的社会角色中去。

这个实验的结果一经发表，就在教育界引起了轰动。教育界人士一片欢呼：我们终于找到了差生形成的真正原因，也找到了改变差生的解决路径。

在我们的现实生活里，在我们的教育活动中，肯定也出现过同样的场景。

一个孩子一道题没做对，爸爸说："你真笨！"

一个孩子上课回答问题时说错了，老师说："你真是蠢，这么简单的问题都不会。"

……

孩子的考试成绩不佳，老师和家长就会将他定位为差生。渐渐地，孩子便会逐渐认同这个角色，进而将自己内化到差生的角色中去。再遇到稍难一点儿的题，他就会从潜意识中告诉自己："我是差生，差生是做不了难题的。"

那么，优秀的学生难道真的对所有题目都能做到信手拈来吗？当然不是。在他们遇上难题的时候，意识和潜意识会告诉他：我是优等生，我怎么可能不会做？我可丢不起这个人！所以，他们会开动脑筋，奋力攻关，最终解决难题。

所谓的"差生"和"优等生"，由于对自己的认知不同，一个是走在恶性循环的道路上，一个是走在良性循环的道路上，最后的学习效果可想而知。

来我工作室训练的孩子，很多已经被父母和身边人当作"问题儿童"了，大多数的孩子也自我带入到了"问题儿童"的角色中。

所以，我的第一步——也是最关键的一步——工作，就是要让他们从原先的角色中走出来。

下面的案例，便发生在现实中，发生在你我身边：

案例一：

子涵是在一个阴雨天的下午跟父母一起来到我工作室的。孩子父母的脸上堆满了焦虑，一进门就跟我说："老师，这孩子成绩不好，我们什么招数都使过了，但他的成绩就是上不去，急死人了！这孩子是不是很笨，不是学习的料？我们听说您特别专业，所以来向您求救。"

"你们认为孩子笨的依据是什么？做过相关智力测验吗？"我问。

"没有！只是常常看到他做不出来题目，所以觉得他笨。"

"咱们先来做个智力测验，看看孩子的智力怎么样？"

家长表示同意。

测验结果出来后，我告诉孩子："你的智商是122，已经进入'良好'行列，这意味着在100个人当中，你的智力水平能进前十。"

"真的吗？"孩子的眼睛里放着光，"是真的吗，老师？是真的吗？"

"我使用的是现在世界上最权威的《韦克斯勒儿童智力测量表》。我做过上千例测验，肯定不会出问题的，你们可以放心。"我向孩子的父母解释说。

"她老说我笨。"孩子指着妈妈说。

妈妈兴奋地回答："不是我说的，是他爸说的。"

爸爸说："我是听老师说的。"

我对孩子说："今后你成绩不好，可以怨老师、怨爸妈、怨学校，怨自己别的方面有问题，但就是不能怨自己笨。你一点儿也不笨，而且还属于聪明孩子。这么跟你说吧，你这智力水平，以后不上名牌大学就亏了。”

我看到孩子明显地激动起来，他对自己有了新的认识、新的发现，产生了新的希望。

经过进一步了解，我发现：在班上，这个孩子的年龄算是比较小的，再加上他听课时容易走神，所以有时候会有搞不懂的题目，成绩自然不好。看到孩子的成绩，老师和父母自然说他笨，他就真以为自己笨了。

在工作室训练了3个月，孩子的专注力水平明显得到提高，也变得越来越自信了。在以后的学习中，成绩也显著地得到了提升。

案例二：

晨阳是一个让老师和父母爱恨交织的“问题孩子”。所有人都知道晨阳很聪明，能解答出很多难题，甚至还能用老师没教过的方法。可不知为什么，晨阳考试从来没得过高分，总是会出现低级错误。

多年的经验告诉我，这是一个集专注与分心于一体的孩子。在遇到挑战性任务时，他能够专注地解决问题，但在一般性任务中，他特别容易分心。

晨阳的爸爸妈妈完全同意我的判断，他们告诉我：“在家做作业的时候，只要稍微有点动静，晨阳就会分心。孩子自己也很伤脑筋，希望你能通过科学的方法来帮他克服这一缺点。”

“为什么要把它完全看成缺点呢？它真的是缺点吗？”我问。

一家三口被我的话问懵了，在他们看来，这当然是一个缺点啊。

“这是孩子的一个特点，这个特点既包含优点，也包含缺点。”

分心竟然还包含优点？他们好像是头一回听说，感到难以理解。

我说：“从另外一个角度看分心这种事情，说明他们对外部世界的各类信息高度敏感，而这也正是创造性力丰富的表现。达尔文、歌德与普鲁斯特是大家公认的具有创造力的天才，但他们对噪音和干扰异常敏感，在工作时，他们需要独处。

“想想也是，对世界、对变化不敏感的人怎么可能有所发明，有所创造呢？最新的研究表明，容易分心这一特性，恰恰是天才的重要组成部分。美国西北大学的心理学家发现：具有高度创造力的人比一般人更加容易受到噪音的干扰。”

晨阳听了我的话，内心的喜悦溢于言表；原本愁眉苦脸的一家人，瞬间变得兴奋起来。而原先把孩子当病人看待的爸爸妈妈，也仿佛看到了天才。

当然，分心的缺点人尽皆知，我就不多说了。如果不能克服这些缺点，我们就不可能很好地完成学习任务，今后也不能取得大成就。

因此，今天我要给晨阳的建议是：**坐拥优点，克服缺点**。

在接下来的训练中，晨阳非常配合。

现在请想象一下，你面前有一辆漂亮的法拉利跑车。不过，你面前的这辆车制动系统有点问题，该刹车时刹不住。

不够专注的孩子，其实就像这辆集优点与缺点于一身的法拉利跑车，我们应当怎么看待这样的孩子？我们应当如何对待这样的孩子？

把这么好的车随手丢掉？傻瓜才会干这样的事。

不愿去修理一下刹车系统？应该是脑子进水了。

不认为这是辆好车？你的认知显然出了偏差。

确认这是辆好车，精心去调整它的刹车系统，然后动力澎湃、安全可靠地驶向前方才是智者的选择。对于不专注的孩子，我们不也应该这么做吗？

1.3 让孩子的缺点，成为他优秀的起点

全球儿童专注力权威专家爱德华·哈洛韦尔教授在他的书中说道："不专注的人（通常称为分心的人）的思维在我看来都是有天赋的，这是一种特殊的才能，具有积极的意义。这些思维特点是优缺点兼具的混合物，一旦你正确应对，它们就能开出绚烂的花朵，结出丰硕的果实。"

"事实上，与其他人相比，这些有'特殊才能的人'为世界做出了很多的贡献。具有这种思维特点的人往往表现出众，会成为各个领域的优秀人才，他们是能放眼未来并让梦想成真的人。

"我要为这些不专注的孩子欢呼，我热爱这样的人。我的整个职业生涯都是与他们共同度过的，迄今已经有三十多年了，而且我本身就是分心者，同时我还有阅读障碍。对具有这类思维特点的人而言，所有的优点往往都隐藏在缺点之下。毕竟，每个人的大脑和思维方式都各有优劣。"

读到这里，为孩子的不专注、成绩不佳而满脸焦虑的父母们可能会在心里偷着乐了——原来我的孩子暗藏天赋，还能成为一个卓越者。

但也别高兴得太早。潜能只是潜在的能力，也就是说，是一种"可

能性”，而可能性不等于现实性。有句很流行的话叫“人在天堂，钱在银行”，那钱跟你有关系吗？只有花掉的钱才是你的钱，只有能开发出来的潜能才是你真正拥有的能力。

人类的潜能是一个巨大的、无边无际的宝藏，是这个星球上取之不尽、用之不竭的资源。但令人遗憾的是，迄今为止被人类有效开发和利用的潜能微乎其微。最乐观的学者估计人类释放出来的潜能大约只有5%，最悲观的学者认为人类释放出来的潜能大约只有1‰。

爱因斯坦被誉为“世纪伟人”。在他活着的时候，脑科学的研究者们就对他的那颗脑袋感兴趣了。爱因斯坦本人也深明大义，允许脑科学研究者在他死后对其大脑进行研究。

在他死后，科学家们对他的大脑做了解剖，得出的结论是：他的大脑构造与常人并没有什么区别，同时还发现他大脑中90%的功能区域完全没有使用过，就连用到的10%的功能区也只使用了一半。

也就是说，爱因斯坦所开发利用的大脑潜能大约是5%。

所以，只要把闲置的资源利用起来，把未开发的潜能开发出来，我们的孩子就能够成为一名卓越者。不专注的孩子虽然暗藏天赋，但这并不表明他们能自动成才。

为了让优势获得发展的机会，你必须先认识到它的存在、为它正名、滋养它，以及给它提供成长的养分。

如果任由其自然成长，不专注的负面特质出现的概率会更高。如果我们仅仅关注缺点和劣势，那么孩子内在的优点就会慢慢枯萎、消亡。

在这里，我强烈呼吁**父母改变教育观念，掌握教育技能，用爱心与耐心全力开发孩子的潜能，把他们身上的优点最大化，将缺点最小化。**也许，道路有些曲折，时间有些漫长，但这么做很值得。

因为，当我们为人父母之后，最大的成功不再是金钱、地位，而是孩子有一个光辉灿烂的未来！

第二章

分心不是孩子的错

Chapter 02

要解决一个问题，首先要找到问题的根源，这样才能做到釜底抽薪。没有找到问题的根源，或者找错了，所有的努力都会是隔靴抓痒，暂时舒服点，不一会儿又故态复萌。

本章内容将探讨不专注的根源到底在哪里？这不是什么理论根据，而是实际需要。做家长的既然要承担起培养孩子的责任，当然要对问题的根源有清晰的认知。

2.1 双重维度重建孩子的专注力

要说老师和家长对孩子的不专注行为没有进行过教育与帮助，那肯定是冤枉他们了，他们可没少下功夫去纠正孩子的行为。但无论做什么，总是收效甚微，原因是这些孩子不专注的内在根源可能是在生理或者心理上的。如果我们无法深层次地理解孩子，那他们的问题肯定永远无法解决。

不专注的内在根源在生理上

小杰既聪明又长得帅气，学校的其他老师都喜欢他，羡慕他的父母有这么好的儿子。但他的班主任老师却对他感到很无奈，因为只有她知道这个人见人爱的孩子在班里是多么难“对付”：当同学们都在认真地听课时，他常常会四处捣乱。

在受到老师严厉的批评之后，小杰又会把自己的袖子咬得破碎不堪。他说：“老师，当你不让我说话的时候，我不知道我的嘴该怎么办？于是我就用嘴来咬衣服了。除此之外，我不知道该怎么做才能让我的嘴不说话。”

由于工作关系，我每天都需要和这样的孩子进行接触，我完全能理解小杰的行为表现。其实，他已经在尽自己最大的努力控制自己，跟上老师的节奏了，他不是故意“贪玩”“表现差”，而是他的能力也就到这了，这是他生理上的局限，很难克服。

从20世纪开始，科学家们在经过长期的探索之后，终于认识到，容易分心的孩子的种种行为表现不是故意调皮捣蛋，他们也不是天生的坏孩子，而是大脑功能方面有所缺失。

有了这样的结论，科学家们开始将生物学模式引入专注力缺失的矫治中。1902年，一位名叫乔治·斯蒂尔的英国儿科医生在皇家医师协会的演讲中描述了一批难以管束的儿童——他们不守规矩、不受拘束、具有破坏性、不诚实、不听话。

他认为这些孩子的问题并非来自不当的家庭教育，而是有生理的原因，或者他们在出生的时候脑部受过伤害。

现今，科学家们可以利用脑电图、CT（电子计算机断层扫描）、核磁共振、正电子发射计算机断层扫描和脑血流测定等技术手段，来诊断哪些孩子是注意缺陷多动障碍儿童。同时，也可以了解这些孩子与正常儿童在神经解剖结构方面的不同之处。

研究发现，人的注意力缺失与大脑额叶区的失调有关，注意缺陷多动障碍儿童的大脑额叶区血流量和脑电活动都非常少。也就是说，这些孩子在该区域内的代谢能力要低于正常儿童。而他们在感觉和以感觉动作为主的区域内的代谢能力却比正常儿童高。

另外，大脑枕叶区 α 和 β 的脑电活动是大脑成熟及稳定性的标志之一。研究表明，注意缺陷多动障碍儿童枕区 α 和 β 功率比正常组明显要低，中央区 α 、β 功率却高于正常组——这被认为是脑发育迟缓的重要表现之一。

大家知道，脑电图也可以测定脑功能的状态。格罗斯等人发现，注意缺陷多动障碍儿童异常脑电图占53%；国内学者对75例注意缺陷多动障碍儿童的脑电图进行研究后发现，这些孩子的脑电图异常占52%；而古巴学者得出来的数据是42%。

另外，注意缺陷多动障碍儿童脑电波中有着过多的慢波活动，这也可以证明他们的大脑功能发育迟缓（见图2–1）。

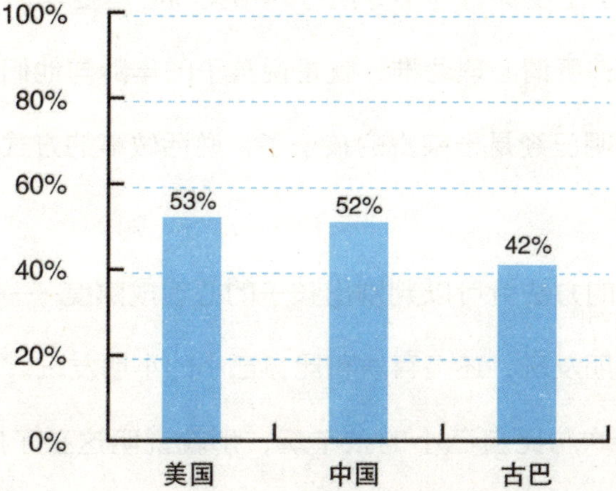

图2–1　各国脑电图异常占比

现代科学家对脑科学的研究已经越来越深入，并且慢慢开始介入到教育领域。以调节脑功能为突破口，提高教育、教学工作的效率与质量的研究与实践，如雨后春笋般全面地展开。

其中，通过提高孩子的脑功能，来提升他们的专注力与学习效率是一个热门话题。与孩子专注力有关的脑功能技术障碍已经突破了，脑电生物反馈技术已经能改善与专注力相关的脑功能。所以，家长朋友们不必为此忧心忡忡。

不专注的内在根源在心理上

随着人类对世界认知的不断深化，医学又从“生物学模式”一步一步向“生物－心理－社会模式”演变。

科学家发现，孩子的不专注行为，既与大脑神经系统的活动有关，又与心理以及社会环境、教养方式有关。

我们在这里主要探讨与不专注行为相关的心理要素。

心理幼稚：所谓心理幼稚，就是说孩子的年龄与他们的心理成熟度不相匹配。明明已经是十来岁的孩子了，说话做事的方式还与五六岁的孩子相仿。

一个简单的方法就可以判别出孩子的心理成熟度——看他是愿意和比自己大的小朋友玩，还是喜欢和比自己小的小朋友玩。

如果他喜欢与比自己小的孩子玩，那就说明这孩子的心理相对比较幼稚。孩子心理幼稚对专注力的影响，可以说是全方位的——分心走神、多动、冲动、缺乏时间概念，都与心理幼稚有关。

以自我为中心：人生来是一个自然人，自然人最大的特点是以自我为中心。刚生下来的小孩想要什么的时候就会通过哭泣来达到目的，不会顾及别人晚上要休息；一两岁的孩子对想吃的东西不顾一切，不会考虑别人还没吃怎么办。

随着他们渐渐长大，他们会一步步从自我中心里走出来。由于不同的家庭教养方式，有些孩子没有从以自我为中心的世界里走出来，或者走得比别的孩子慢，就会出现分心、多动、冲动的症状。

意志品质薄弱：人类有四种基本的意志品质：自觉性、果断性、坚持性、自制性。从字面就可以看出，每种品质都与专注力有着极大的关系。如果孩子的意志品质比较薄弱，很难想象孩子会在这片心理土壤上结出专注力的果实。

情绪不稳定：多动、冲动也可以定义为一种失控的情绪状态。这种失控的情绪状态实质上就是情绪不稳定的直观显现。不专注的孩子多有情绪不稳定的表现。

或者说，如果我们能稳定他们的情绪，那他们多动、冲动的情况就会减少许多。

从以上所述的四种心理现象来看，我们不难发现它们与不专注之间的关联。在矫正不专注行为的训练中，有许多就是心理训练，即通过对他们心理品质的改造来实现提升专注力的目的。

2.2 孩子不专注，父母最需要注意的6大误区

当我们重新定义不专注行为，把它看作一种生理、心理、社会现象之后，当然想了解一下到底是哪些因素导致了不专注，这对接下来的训练具有直接的指导意义。

下面，我们就来具体探讨一下造成孩子分心、多动、好动、冲动、缺乏时间观念的主要原因。

第一是遗传。

调查显示，大约40%的不专注孩子的亲属也存在相关问题，这说明遗传因素在发挥作用。

班主任老师经常打电话给姚强的父母，说姚强上课分心，无法完成学习任务。父母每次接到电话后都说会去解决，但是姚强的状况却一直没有得到改善，甚至变得更加严重了。

当老师了解了姚强的家庭状况后，终于知道了孩子分心的原因：

当姚强让爸爸辅导功课时，爸爸说要喝上点酒才能聚精会神地帮姚强解决问题；

妈妈回家后就抱怨家里太乱了，只有她一个人收拾家务。但她打扫

卫生的时候也不能专心地一件事做完，通常是拖地拖到一半就去洗碗了，碗还没洗完，又想起了洗衣机里还留着昨天没有晾的衣服……

亲戚们经常说：“唉，他们家就像一个马戏团……”

第二是剖腹产。

现在许多产妇为了避免分娩时的痛苦，选择了剖腹产。这固然会减轻她们的痛苦，但研究显示，自然分娩对母婴的一生都有很大的好处。

一是经自然分娩，临产前胎儿的全身会随着子宫的收缩而得到摩擦，这对孩子的身体发育和协调能力都有很大的好处。

二是经自然分娩，胎儿的全身，特别是头部，会通过弯曲的骨盆动作和软产道对孩子的头颅骨骼、肌肉产生刺激，更重要的是对大脑皮层神经系统进行刺激。这种挤压能够激活大脑细胞，也使孩子全身的神经细胞受到了一次强烈的刺激，这是孩子第一次学习机会。

三是通过生产时的挤压作用，新生儿的肺部也会得到锻炼，为自主呼吸创造了条件，能够促使婴儿健康成长。

第三是食物与营养。

糖分的过量摄入会使孩子缺乏专注力，因为糖分在体内分解时产生的废物，要靠含有维生素B1的酶分解后才能排出体外。孩子吃了过多的糖，会大量消耗体内的维生素B1，影响体内废物的排出。这些废物在体内堆积过多时，孩子会出现不安、恼怒、脾气暴躁等情绪。

孩子营养过剩，特别是蛋白质摄入量过多，也会诱发多动症状。

同样，孩子若是缺少铁、锌和维生素，也会引起注意力不集中和多动症状，因此，我们要给孩子吃铁、锌和维生素含量丰富的食物。

另外，我们也不能让孩子食用过多的食品添加剂，这也是孩子注意力不集中的诱因。

第四是过度使用电子产品。

现在的孩子每天会长时间看电视、玩游戏、看视频。过度使用电子产品，会诱发孩子的多巴胺大量释放。

多巴胺是一种神经传导物质，主要负责大脑的情绪、感觉的信息传递。大脑中的多巴胺释放过多，会使大脑的敏感性降低、脑神经递质代谢异常和大脑前额叶功能减退。孩子今后会很难将注意力集中到一些相对静态的物质上，如黑板、书本、作业……因为这些静态的信号对他的刺激太弱了。

另外，看电视、玩电脑都是被动的、没有反馈的吸收行为，大脑主管高级神经活动的前额叶几乎是没有活动的，长期反复接受同样的刺激，前额叶的功能会逐渐衰退，注意力不集中也就随之产生了。

第五是不当教养方式。

对于孩子来说，家庭是最重要的生活环境，不恰当的教养方式会严重影响孩子的专注力，甚至可以说，它是孩子不专注的主要原因。

比如说全包干型教养方式。这种方式最大的特点是，父母以爱的名义包揽孩子所有生活事务和学习事务，让孩子从小就没有责任感，没有学习和生活的能力，孩子的专注力自然会相当低下。

当孩子的专注力缺失影响到正常学习和生活时，家长又埋怨孩子这里不好那里不是。殊不知，真正的肇事者就是他们自己。

涛涛是家中独子，爸爸妈妈、爷爷奶奶整天围着他转。上课时他老是不专心听讲，小动作特别多，学习成绩忽高忽低，作业拖拉，有的时候还会忘记老师布置的作业。

有一次，老师在家访中就怀疑涛涛有多动症，这可急坏了全家人。为了让涛涛专心地学习，妈妈辞掉了工作，专门照顾他的饮食起居。可她要管教涛涛的时候，爷爷奶奶总是出来阻拦。

三年级的时候，涛涛已经成了老师眼中的“问题孩子”——依赖性强，也不听爸爸妈妈的话，还会利用妈妈和奶奶之间的矛盾钻空子，脾气也越来越坏。

他的行为问题让老师和家长越来越头痛，家长把他带到医院看儿童心理门诊。经过详细检查，医生发现涛涛的智商没有问题。但在做专注力测试时，医生发现涛涛不仅容易走神，还缺乏耐心，有的时候会控制不了自己，做出冲动行为。

这孩子的问题显然与家庭教养方式有关。

第六是学业成绩。

前面提到，不专注是导致孩子学业成绩不佳的最直接原因。其实，不良的学业成绩也是导致孩子不专注的原因之一。这二者是一种相互影响、互为反馈的关系。

心理学家的研究已经证实：学习活动最大的动力，不是物质奖励，也不是惩罚，而是来自学习结果的反馈。人的行为受结果的影响，如果结果好，就有精气神去做事；结果不好，自然就会垂头丧气。

由此看来，孩子学习成绩不好，是导致其专注力每况愈下的重要原因之一。而提升孩子的学习成绩，也可以起到提升专注力的作用。

以上列举了导致孩子不专注行为的种种原因，最后我想说明的是：孩子的不专注行为，通常不是由单一原因造成的，而是几个原因综合造成的。而在这几个原因中，又必定有一个原因是居于核心地位的。

我们要把所有的原因都找到，更要把主要原因挑出来，这才有利于问题的根本性解决。

2.3　抓住关键期，训练孩子的注意力

中国有句古话叫“机不可失，时不再来”，意思是说，人世间的许多事情都有机会之窗，错过了时机，可能就会失败，至少再成功的难度会大很多。

古代先哲的话一点儿都没错。在动物和人的成长发展中，就存在这样的机会之窗，心理学家称之为关键期。

说到关键期，给大家介绍一位奥地利科学家——洛伦兹，他是第一位以心理学家身份获得诺贝尔生物学奖的科学家。

1935年，洛伦兹在研究刚出生的小鹅时发现，小鹅在孵出后的一天内倾向于追逐它第一次见到的活动物体。如果它见到的是鹅妈妈，就会跟着鹅妈妈走；如果它见到的是鸡，就会跟鸡走；如果见到的是实验者洛伦兹，就会跟着洛伦兹走，并把他当成自己的妈妈。

但是，如果小鹅在孵出后的24小时内不接触任何动物或人，小鹅的这种能力就会丧失。以后，母鹅和人无论怎么与小鹅接触，小鹅也不会出现追逐他们的情况了。

这也就是说，小鹅出生后的24小时内，是小鹅认知母亲的关键期，

错过了这个关键期，小鹅就会丧失认知母亲的能力。他把小鹅这种无须强化、在一定时期内形成的反应称为印刻。这一特殊时期就叫关键期或敏感期。

后来的许多研究还发现，这个发展关键期不仅体现在小鹅身上，所有的哺乳动物包括人类，都有关键期。大家一定看到过那些从小和姥姥、奶奶在一起生活的孩子，他们可能终身都无法培养出与父母的那种感情。

心理学家发现，几乎人类的每一种能力都存在关键期。关键期是我们形成某种能力最容易的时期，如果我们在这一时期接受合适的教育，就可以获得事半功倍的效果。而一旦错过这一时期，我们就需要花费更多努力才能弥补，甚至永远无法弥补。

一方面，孩子在某一能力的关键期内学习，就会对外界的刺激特别敏感，会很轻松地提高自己的能力。错过了关键期，外部条件再好，个人再努力，效果也不会有那么好。另一方面，在关键期里所形成的能力具有不可逆的特点，它能为接下来的发展打好基础，而且这种影响是持久的、稳固的，很难遗忘和改变的。

举个例子，语言能力发展的关键期是在10岁之内，在这个时间段内，掌握一门语言是轻而易举的事情。

例如，一个北京的孩子到上海待上半年就能说上海话，再到广州住上一年他又能说广东话了。而一个在上海长大的孩子，18岁的时候考上广州的大学，四年下来，他能听懂广东话，也能说几句，但一开口大家都会知道他不是正宗的广东人。

再举个例子，一位德国的英语教授带着他5岁的孩子到美国做两年客座教授。一年后，他6岁的儿子好奇地问爸爸："你的英语发音怎么这么差？"

著名幼儿教育家蒙台梭利是这样描述关键期的：

当孩子的某一敏感期出现时，就像一道光线，会照在某些物体上，而被照到的物体就成了孩子的世界。在这一时期，孩子对这些问题充满了激情和冲动，充满了探究和征服的欲望。他能在这个时期内自我调节，会比平常有更强的力量去解决问题和自主构建经验。

接下来，我们来说说专注力的关键期。

三岁半是儿童注意力形成与发展的关键期，这一时期的孩子有这样一些特点：

（1）注意范围扩大，更多的人与事物进入到他们的注意范围之内。

（2）会提出许多问题，对周边的世界充满了疑问。

（3）注意力保持时间短，并且不稳定，容易被周围的新鲜事物所吸引。

（4）有意注意开始发展，无意注意依然存在并占有优势。

（5）动作频繁，到处探索，很少能安静下来，但遇到自己感兴趣的事物时会表现得非常专注。

面对这一时期的儿童，我们的建议是：

第一，儿童注意范围扩大是件好事儿，家长要提供更多的合理刺激，比如给孩子买玩具、图书，等等。对电子产品要有所限制——不是完全不让孩子看电子产品，而是要有度。

当孩子提出很多问题——很可能是奇奇怪怪的问题时，家长要耐心解答，并指导他们把注意力集中到自己的问题上，切忌忽视、回避或拒绝孩子提出的问题。

第二，这一时期的孩子注意力不够稳定，注意也有限，家长应避免让孩子的某一活动持续时间过长。给孩子安排的活动不能太满，一定要让孩子有放松的时间，然后再进行其他活动。

家长在与孩子的互动中，可以提醒他们去注意某一事物，让他们主动搜索要注意的人和事物，或者让他们对指定的事物主动分配注意资源。

这一时期的孩子动作频繁，因为他们是在用动作探索周围世界，家长应该允许并鼓励孩子适当的探索行为。当他们将注意力集中于某一事物时，家长应该跟孩子交流，并一起探索，使他们能够在感兴趣的事物或活动上保持注意时长和稳定性。

小学阶段是儿童专注力培养、训练、矫治的关键期。在这一年龄段，如果孩子在专注力上存在问题，家长应高度重视，在科学诊断的基础上进行必要的矫治与训练。

家长可以在家庭中对孩子的专注力进行训练，如果有必要的话，就要寻求专业机构、专业人员的帮助。时不我待，家长干预的时间越早，孩子的专注力就能越早集中。

有这样一种说法：孩子的不专注现象会随着年龄的增长而自动0消失。这种说法是错误的，缺乏科学依据。真实的情况是：随着年龄的增长，孩子的不专注行为的表现方式不同了，一些新的症状替代了原先的表现，它并没有消失，也不会消失。

听人说过这么一句话，我觉得很有道理：骗别人是道德问题，骗自己是智力问题。我们不能自我欺骗，更不能把自我欺骗用到孩子身上。孩子的成长只有一次，家长一定要重视起来（见图2-2、2-3）。

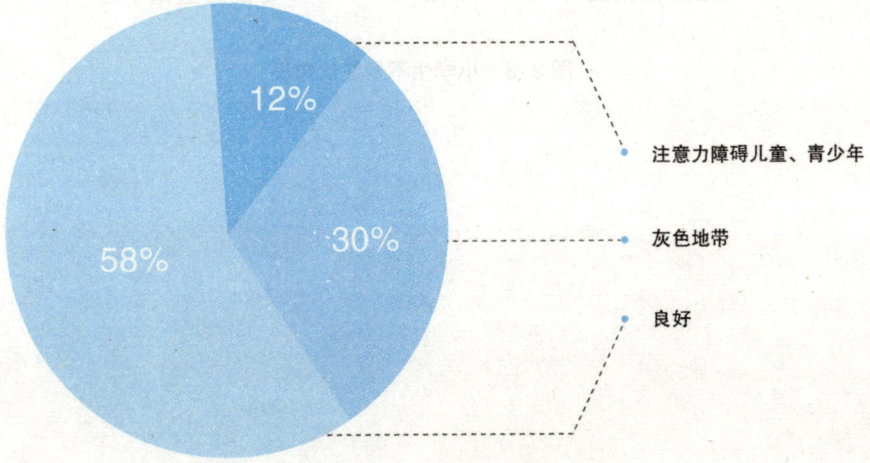

图 2-2　全国专注力状况

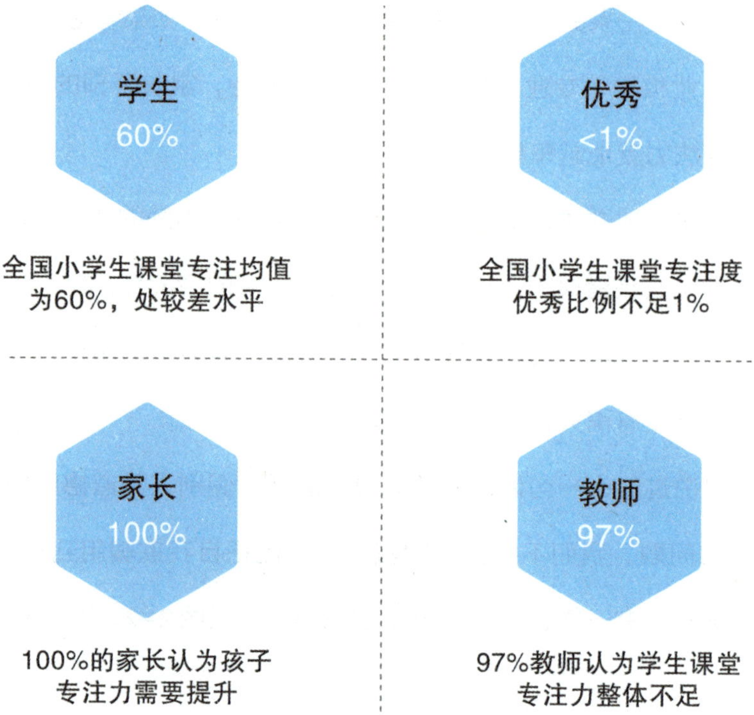

图 2-3　小学生不专注认知表

第三章

怎么说，不专心的孩子才会听

Chapter 03

在家庭教育中，孩子是主体，家长是主导。无论是为了谋求孩子的发展，还是解决孩子的问题，主体如果消极怠惰，不发挥积极作用，甚至有对抗情绪，无论家长如何努力，都不可能达成目标。所以，我们既要调动主体的积极性，也要发挥主体的能动作用。而实现这一切的前提，是要与孩子进行交流。

我们来看一看哈佛大学心理学教授哈洛韦尔是如何与不专注的孩子进行交流的，对我们非常有参考价值。

“杰德，你来过这里好几次了，我们问了你很多问题，也玩了一些游戏，现在该轮到我告诉你我们发现了什么了，你想知道吗？”哈洛韦尔问他。

杰德看着地毯上的小丑、空中飞人、天使等玩偶，点了点头。

“我有一个好消息要告诉你，你有个很了不起的大脑，你是个很酷的人。”

杰德第一次抬头看哈洛韦尔，因为从来没有人这样跟他说过，他听到的都是与之相反的话，现在他真的开始注意听了。

“你容易分心吧，你猜我怎么知道的？因为我也容易分心，我的两个孩子也这样！很酷吧？”哈洛韦尔指着桌子玻璃板下自己孩子的照片说道。

哈洛韦尔继续说：“你知道分心是什么吗？分心就是说你的大脑像跑车一样。你知道内燃引擎是什么吗？”

杰德点头表示知道。哈洛韦尔不确定他是否真的知道内燃引擎是什么，但能肯定他听过，多少猜得到那是什么。

“你的大脑就是内燃式的，意思就是说它跑得很快，而唯一的问题就是有时候没办法刹车，有时候它需要特殊的机油才不会因过热而烧坏。如果有合适的机油，能及时刹车，你就可以跑赢别人了。”杰德看着哈洛韦尔，似乎想知道更多。

“你知道你有时候在学校没办法专心学习是因为什么吗？因为你的思维在到处乱跑，你总是有各种想法。这很棒啊！你一辈子都会做各种好玩的、精彩的事情。我想像照顾跑车的人一样照顾你的大脑，我要教你如何让大脑踩刹车。”杰德点头，似乎认为这是个好主意。

面对孩子，你不需要说太多，但是也绝对不能不让孩子知道……

让我们来分析一下这段谈话的精妙之处。

环境氛围很宽松，按上文的描述应该是在一个儿童游戏室里。氛围越宽松，谈话越容易深入。

以优势取向作为切入点，称赞孩子有一个了不起的大脑。在这之前，孩子从来没有听过这种话，而且这句话出自一位权威人物之口，能够迅速震撼孩子的心灵。

自己人效应。说自己以及自己的两个孩子都有分心的问题，一下子就和孩子拉近了距离，使话语的可信度、可接受度大大增加。

不回避问题。明确指出刹车有问题，机油有问题，大脑有时会到处乱跑。

不做过多说明。哈洛韦尔说，我们只是要解决孩子不专注的问题，而不是要把他们培养成注意力的研究专家，许多事情没必要和孩子说那么多。

那么，我们做家长的该如何与不专注的孩子谈他们的问题呢？这就是本章要说的主体内容。

3.1　用正向的方式，与孩子一起面对和解决自己的问题

作为家长，我们不应该隐瞒孩子的生理或心理状况，因为告诉孩子实际情况比其他任何借口都要简单和精确。

任何混淆真相的借口都瞒不了孩子，反而会给孩子一种不可告人的危险感。实话实说会显得无所隐瞒，无所惧怕，这没什么好丢脸的。

当然，实话如何实说也是有技术含量的，我们一定要遵守以下准则。

第一，要告诉孩子全面的情况。当我们带着孩子去看医生或是找心理咨询师时，医生或心理咨询师谈得更多的可能是孩子不专注的负面问题，有些人可能会直接说孩子有病，需要治疗。

但是，实际上，孩子的专注力有问题并不代表孩子有病，正如我们在前面提到的那样，不专注的孩子身上也有优势。

特别需要提醒的是，有些孩子会把自己的不专注认为是笨，这样一来，学习的上进心和自信心就会被抑制。丢失了上进心与自信心，何谈好成绩与好的未来呢？

还有的孩子听了医生的话后，会认为自己是一个有病的人，会很自卑，也会原谅自己的不端行为。在我看来，培养与训练专注力并不难，

但如果由此造成孩子的错误认知，就会影响孩子的一生。

所以当我们带孩子去医院或心理机构矫治注意障碍，在医生或咨询师做判断性结论时，最好不要让孩子在自己跟前。

对于医生或咨询师的话，我们可以用另一种方式转述给孩子听，而且是以一种正向的方式——表达的意思没有偏差，得到的效果却截然不同。

我在网上看过这样一个故事，故事很感人，也让我很受启发。

有一次，一位妈妈去参加家长会，幼儿园的老师说："你的儿子有多动症，在板凳上连三分钟都坐不了，你最好带他去医院看一看。"

回家的路上，儿子问妈妈，老师都说了些什么，她鼻子一酸，差点流下泪来。因为全班一共有30位小朋友，她的儿子表现最差；唯有对他，老师才会表现出不屑。

然而，这位妈妈还是告诉她的儿子："老师表扬你了，说宝宝原来在板凳上坐不了一分钟，现在能坐三分钟了。其他的妈妈都非常羡慕你的妈妈，因为全班只有宝宝进步了。"那天晚上，她儿子破天荒地吃了两碗米饭，并且没让她喂。

儿子上小学了。家长会上，老师对妈妈说："全班一共有50名同学，这次数学考试，你儿子排在了第40名，我们怀疑他智力上有些障碍，你最好能带他去医院查一查。"

走出教室，她又一次流下了眼泪。然而，当她回到家里，却对坐在桌前的儿子说："老师对你充满了信心。他说了，你并不是个笨孩子，只要能细心些，肯定会超过你的同桌，你的同桌的成绩是第21名。"

说这话时，她发现儿子黯淡的眼神一下子充满了光亮，沮丧的脸也一下子舒展开来。她甚至发现，从这以后，儿子温顺得让她吃惊，好像长大了许多。

第二天上学时，儿子也去得比平时早了一些。

孩子上了初中，妈妈又去参加家长会。她坐在儿子的座位上，等着老师点她儿子的名字，因为每次家长会上，她儿子的名字总是会出现在差生的行列中。然而，这次却出乎她的预料，直到家长会结束，她都没听到他儿子的名字。

她有些不习惯，就去问老师，老师告诉她："按你儿子现在的成绩，考重点高中有点危险。"

听完这话，她惊喜地走出校门，此时，她发现儿子正在等她。走在路上，她扶着儿子的肩膀，心里有一种说不出的喜悦，她告诉儿子："班主任对你非常满意，他说了，只要你努力，很有希望考上重点高中。"

高中毕业了。第一批大学录取通知书下达时，学校打电话让她儿子到学校去一趟。她有一种预感，她儿子被第一批重点大学录取了，因为在填报志愿时，她对儿子说过，相信他能考取重点大学。

儿子从学校回来，把一封印有清华大学招生办公室的特快专递交到她的手里，突然，他转身跑到自己的房间里大哭起来。

儿子边哭边说："妈妈，我知道我不是个聪明的孩子，可是，这个世界上只有你能欣赏我……尽管那是骗我的话。"

听了这话，妈妈悲喜交加，再也按捺不住十几年来凝聚在心中的泪水，任它流下，落在手中的信封上……

第二，我们要向孩子明确说明他们所面临的困境，比如学习方面的困境、行为表现方面的困境、人际交往方面的困境。正向教育不是粉饰太平，而是在正视现实的基础上以积极的态度去对待。

我们应该平和地告诉孩子："其实你也想做个好孩子，其实你也希望能有个好成绩、好的行为表现，并且受到老师与同学的称赞。所有这一切，不是你不想，而是你不能。虽然你行为疯狂起来的时候不顾一切，但过后你也会感到沮丧和痛心，你也想走出困境。现在，爸爸妈妈在帮你，还有专业人士在帮你，让我们共同努力。"

第三，在家庭中做的一些专注力训练，尤其是游戏训练，没有必要对孩子说这是专门训练专注力的，而应该是以轻松的方式去玩，这样的效果会更好。如果孩子的情况比较严重，需要到专门机构去做矫治，或者是要服药，那就得向孩子解释清楚为什么要进行矫治与训练，为什么要服药。

专注力问题的矫治与训练是需要孩子积极配合的，如果他们主观上没有强烈的意愿，矫治与训练的进程会慢许多。因此，我们有必要给孩子讲清楚我们为什么要对专注力问题进行矫治与训练。

当然，讲的方式可以形象生动些，比如我们可以这样说：“专注力的问题就像我们的眼睛近视了一样，如果我们的眼睛近视了，就需要戴眼镜，专注力的问题出在大脑上，矫治与训练就是给大脑戴眼镜。并且，这副眼镜在戴一段时间以后，还可以摘掉，从此我们将心明眼亮。而如果不戴眼镜呢？有两个不好的结果，一是现在就看不清东西，二是近视的度数会越来越深。”

这种说法的好处是形象生动，孩子容易接受，另外也不会让孩子进入病人的角色中。

中国式父母有一个传统理念，那就是不怕孩子过分谦虚，只怕孩子稍有骄傲。于是，我们在跟孩子交流的时候往往会只说缺点，而很少说优点，生怕说了优点孩子会翘尾巴，会骄傲。这其实是一种错误的认知。

我们的建议是：实话实说，全面向孩子传递相关信息，既说缺点，也说优点。说优点时，可以放大些；说缺点时，不回避现实，不藏着掖着，对缺点的本质、危害不做半点隐瞒。但尽量要用积极的方式来表述，也就是盛行于民间的一句老话——坏话好说。

3.2 “我们是盟军，不是敌人”

在这个世界上，孩子是父母最亲的人，我们会把所有的爱都奉献给孩子。当然，在针对孩子专注力问题的教育与训练上，我们更要用最直接的语言告诉孩子：我们所做的一切不是为了和你过不去，我们是同盟军，是因为爱你才和你一起与分心、多动、冲动行为做斗争。

许多父母教育的失败，是把斗争对象搞错了——本意是为了纠正孩子身上的一些坏毛病，结果却演变为一场与孩子之间的斗争。

这样一来，亲子之间的冲突便不可避免地发生了，局面越来越不可收拾。这样的家庭悲剧天天都在上演，我们做家长的千万别掉到这个坑里去。

因此，父母应该用语言或行为反复表明对孩子的爱，这种爱会让他们更阳光、更健康地成长，这种爱也是矫治专注力问题的巨大动力。尤其不能让孩子觉得因为自己有分心、多动、冲动的表现，就成了父母所嫌弃的对象。

从交流的方式来看，敌人与盟军是有区别的。如果两个人是敌对关系，往往便会对着干——你说东，他偏说西；你说要这么做，他就说要那么做。如果是同盟军关系，那就是我说的一切都是为你着想，是从你的利益角度出发的。

上中学的时候，我们学过一篇叫《触龙说赵太后》的古文：

战国时期，魏国攻打赵国，危急之下，赵国向齐国求援，齐国开出的条件是让赵国的公子到齐国做人质。当时赵国掌权的是赵太后，赵太后特别溺爱这个儿子，怎么也不肯答应这个条件，大臣们纷纷前来劝说，都被赵太后一一拒绝了。

这时，触龙出场了，他先和赵太后聊饮食起居，太后脸色稍懈；接下来，他又说自己老了，想求太后给自己儿子在宫中安排个职位。

太后听了哈哈大笑，说："原来你们男人也爱孩子。"

触龙说："是的，比女人还爱孩子呢。"然后话锋一转："男人爱孩子通常是为了孩子的前程着想，如果公子现在到齐国当人质换来救兵，就为赵国立下了大功，今后执政就会受百官支持、万民拥戴。"

于是，赵太后欣然应允让她的宝贝儿子到齐国当人质。

这个故事，堪称人际沟通的典范。

家长朋友，请反省一下，我们是不是常受两种思维定式的影响：一是只要我们认为自己的出发点是好的，在方式上无须任何讲究；二是"是老不服小，是官不服民"——我是长辈，做子女的除了无条件服从，没有任何选择。

如果我们确实拥有这两种思维定式，那么成为孩子的敌人的可能性就很大了。

有位父亲与儿子闲聊，问孩子长大后想干点什么？儿子半开玩笑地说他什么也不想干，就想吃喝玩乐。

可以想见，父亲听了这话后心里是什么滋味。但这位父亲的修养极高，强按住心头的怒火，心平气和地对儿子说：“我可不可以把你的话理解为对幸福生活的追求？”

儿子说：“可以。”

父亲说：“那这种理想的生活是从哪里来的呢？我不是富翁，钱更不会从天上掉下来，还得靠自己努力吧？其实，你今天好好学习，就是往这条路上奔呢！”

儿子哑然，点头称是。

我们应该向这位父亲致敬，他避免了一场冲突，又顺势教育了孩子，真是一等一的沟通高手。

在与不专注的孩子交流时，我们要想和他们建立起盟军关系，应遵循以下几条原则：

理解而非指责

我们已经知道孩子的不专注行为是由一系列生理、心理以及环境教养等因素造成的，孩子的大脑需要“配一副眼镜”，对他们而言，保持专注状态并不是“不愿”，而是“不能”。

既然如此，我们还有什么理由去横加指责呢？我们要理解孩子，还要把理解的信息明白无误地传递给孩子。孩子内心会因你的理解而在内心深处感到温暖，从而与你亲近。

帮助而非惩罚

盟军一定会提供帮助，否则就不叫盟军。与孩子交流时，要询问他们需要哪些帮助，并尽可能地为他们提供帮助——只要不是替代孩子做他该做的工作。

引导而非强制

孩子如果被强制了，感觉肯定不好，但如果是顺势而为地加以引导，那就会让人舒服许多。其实，引导与强制的实质性内容可能是一样的，但因为表现方式不同，人心理上的感觉也就大不一样。比如孩子做作业拖拉，你想让他快点做作业，就有两种表述方式：

（1）如果你不按时完成作业，就别想玩了。

（2）如果你提前完成作业，玩的时间就能长一些。

如果你是孩子，你更愿意听哪一句？答案肯定不言而喻。

只有掌握了以上几个原则，并加以运用，我们和孩子的关系才会慢慢变好，和孩子成为同盟军，而不是敌人。

3.3 以身示范，别让问题成为借口

我们对孩子实话实说，告诉他们存在不专注的缺点，以及造成这种缺点的深层次的原因；我们也向孩子表达了对他们的同情与理解。这么做没错，是重要的，也是必要的。

但是，由于人类的本性使然，孩子会把所有这些当成一种借口，对自己的不专注行为心安理得，并作为拒绝改变的理由。

你让他写作业快点，他说："我快不起来！"

你让他上课集中注意力，认真听讲，他说："我想听，但听不下去！"

在我们的训练实践中，时常发现存在这种情况。

怎样看待这种情况？在出现这种情况后又如何与孩子交流与应对呢？

首先得承认，这种情况的出现具有不可避免性。

心理学家发现，人类有一种双重心态：如果生了病，一方面希望自己尽快好起来，另一方面（主要是在潜意识中）又希望自己还是一个病人。为什么希望自己还是病人呢？因为病人可以得到更多的照顾，病人

可以不用做很多事。当孩子意识到自己在专注能力方面存在问题后，既可能萌生解决问题的动机，也可能成为让自己躲在习惯了的“舒适区”里不出来的借口。

心理学家还发现，人类在行为结果不能让人满意的时候，在遇上挫败的时候，倾向于把原因推给客观因素，而不是从主观方面找原因。项羽乌江自刎前，说了一句话：“天亡我也，非战之罪。”意思是说，不是我打不过刘邦，是老天跟我过不去。

找借口是人们逃避指责最本能的反应。

我们该如何在交流中化解这些借口呢？

第一，不让孩子把专注力问题当借口，首先是做父母的不要为孩子制造这种借口。如果你整天把孩子的这一毛病挂在嘴边，就是对他们问题行为的强化，是对他们“问题儿童”角色的强化。

我听说过这样一件事：有个小孩子，到了姥姥家就是个好孩子，讲礼貌，行为规范，还会帮姥姥做事。可是到了奶奶家，就判若两人，上蹿下跳，调皮捣蛋。孩子还是这个孩子，为什么行为表现的差别这么大呢？

原来，到了姥姥家，姥姥就一个劲地夸他是个好孩子，还会帮姥姥干活；而到了奶奶家，奶奶会不断地批评他这里不好，那里也不是。

两种情景，让孩子进入两种不同的角色，当然也会出现两种截然不同的行为表现。所以，在日常生活中，要淡化孩子不专注的缺点。你只有把他当作一个正常的孩子看待，他才会表现出正常儿童的行为。

第二，别教孩子遇上事就找借口，要让他多从自身找原因。生活中我们经常会看到这种情况：孩子因为太小，走路不稳，经常摔跟头。父母不是鼓励孩子坚强，或者提醒孩子小心，而是打桌子、板凳，边打边说："让你撞我家宝宝，打你。"孩子看在眼里，记在心里，等到下次摔跤了或撞到了，也会依葫芦画瓢，学父母的动作。

慢慢地，他就会觉得：摔跤了或撞到了，不是自己的错，而是桌子、板凳的错。这是教孩子找借口，最好别这么做。从小就给他们"找借口""推卸责任"的教育，孩子心里自然会种下"找借口"的种子，把责任推卸掉。

第三，别给孩子树立找借口的榜样。有一位老师，在家访中遇上了这样一件事。他到学生家，家长榨了一些新鲜的橙汁，用玻璃杯盛着款待老师。聊着聊着，突然"哐当"一声，原来是小金在喝果汁的时候，不小心把杯子碰掉摔碎。

家长立刻对孩子一顿痛骂。结果在骂的时候，家长自己的杯子也不小心掉在了地上，摔成了碎片。

家长连忙解释是因为杯子太滑，想为自己开脱。孩子脸上挂满了质疑的表情，结果家长找了更多的借口来搪塞。

从表面上看，家长占了上风，保住了自己的面子，但实际上这种做法会成为孩子的"外部经验"，会对孩子产生很大的负面影响，孩子以后遇到这类事情时，也容易找借口来逃避责任。

第四，和孩子平心静气地共同分析——不专注，是因为主观上不够努力吗？分析从剖析现象开始。是不是在所有时间、所有情况，都不能做到专注？不是的，真实的情况是，有时候也很专注。在什么情况下是专注的？在自己感兴趣的事情上，在认为这件事对自己很重要的时候。

这就说明，专注对孩子来说是有可能的，是能够做到的，但条件是感兴趣，是主观上愿意去专注。既然如此，就要把孩子的主观能动性充分发挥出来，发挥出来了，孩子的专注程度就能提高。

要注意，孩子只能自己学会发挥这种主观能动性，要不然谁也帮不了孩子。我们会通过各种手段帮助孩子，但缺了孩子的主观能动性，是不可能会取得很好的帮助效果。关于这一点，我们都得认清楚了。

有一种现象值得警惕，那就是，先是找借口，以避免外界的批评与指责，渐渐地，自己也相信这个借口了，进而产生习得性无力感。这是一件非常可怕的事情。

什么是习得性无力感呢？

心理学家塞里格曼做过这样一个实验：在实验中，先是将狗固定在架子上进行电击，狗既不能预料也不能控制这些电击。在这之后，他们把狗放在一个中间用矮板墙隔开的实验室里，让它们学习回避电击。电击前10秒室内亮灯，狗只要跳过板墙就可以回避电击。

对于一般的狗来讲，这是非常容易学会的。可是，实验中的狗绝大部分没有学会回避电击，它们先是乱抓乱叫，后来干脆趴在地板上甘心忍受电击，不进行任何反抗。

塞里格曼认为，动物在有了“某些外部事件无法控制”的经验之后，会产生一种叫作“习得性无助感”的心理状态，这种无助感会使动物表现出“逆来顺受”的消极行为，妨碍新的学习。

后来，以人为被实验对象的研究也得出了相似的结论。

“哀莫大于心死”，说的就是这种状态。而这种状态的原因至少部分与自己有关。

总之，在与孩子的交流中，要告诉孩子，虽然你存在专注力方面的问题，会不由自主地表现出种种不好的行为。但是，这不能成为一种借口——凡是出现不好的行为，都往专注力上推。

你是一个自主的人，你是一个要独立在社会上生活的人，要学会对自己的行为负责，而不是推卸责任。无论是把自己的错误推向别人，还是推向自己的生理因素、心理因素，都是不可取的。时刻要求孩子发挥自己的主观能动性，成为一个对自己负责任的人，是改善专注力状况，表现出良好行为的关键所在。

3.4　5分钟之内，给孩子一个听你的理由

著名作家马克·吐温有一次在教堂听牧师演讲，演讲的主题是劝人们向弱势群体捐款。最初，他觉得牧师讲得很好，自己也十分感动，就准备捐出自己身上所有的钱。

过了10分钟，牧师还没有讲完，他就有些不耐烦了，决定只捐一些零钱。又过了10分钟，牧师还没有讲完，于是他决定，一分钱也不捐。到牧师终于结束了冗长的演讲，开始募捐时，马克·吐温由于气愤，不仅没有捐钱，还从盘子里偷了两元钱。

后来，心理学家把这一现象命名为"超限效应"。意思是说，当谈话时间超过一定长度之后，谈话的效果就会递减，直至出现事与愿违的结果。

造成这种现象的原因是：人性有这么一个特点，在接受某种刺激过多的时候，会出现自然逃避倾向，这是出于本能的一种自我保护性反应。

由于人的这一特征，在受到外界的刺激过多、过强或作用时间过久时，就会产生极不耐烦或逆反的情绪。

原来，“物以稀为贵”，好东西也不能太多。

俄国作家克雷洛夫写过一篇著名的寓言——《杰米扬的汤》。

杰米扬是一个十分好客的人。有一天，一个朋友远道来访，杰米扬非常高兴，亲自下厨烧了他最拿手的菜——鱼汤，来招待朋友。朋友喝了第一碗，感到很满意。于是，杰米扬劝他喝第二碗。第二碗下肚，朋友有点嫌多了。可杰米扬没有觉察，仍然一个劲地“劝汤”。最后，朋友终于忍无可忍，丢下碗，拂袖而去。

教育者常以诲人不倦自居，总是担心孩子听不懂自己的话或自己说的话没有力度，就通过反复说、持续说的方式以期引起孩子的重视。但他们没有想过，唠叨个没完，孩子的心理会沿着“内疚－不安－烦躁－反感－反抗”的轨迹前行，从而出现强烈的超限反应。

请看教育大家是怎么做的：

一次，著名教育家陶行知在校园看到一个男生用泥块砸自己班上的同学，当即制止了他，并让他放学时到校长室里去。

放学后，陶行知来到校长室，这个孩子已经等在门口准备挨训了。可一见面，陶行知却掏出一块糖果送给他，并说：“这是奖给你的，因为你按时来到这里，而我却迟到了。”

孩子惊疑地接过糖果。随即，陶行知又掏出一块糖果放到他手里，说：“这块糖也是奖给你的，因为当我不让你再打人时，你立即就住手了，这说明你很尊重我，我应该奖励你。”

孩子更惊疑了，眼睛睁得大大的。

陶行知又掏出第三块糖果塞到他手里，说：“我调查过了，你用泥块砸那些男生，是因为他们不遵守游戏规则，欺负女生。你砸他们，说明你正直善良，有跟坏人坏事做斗争的勇气，我应该奖励你啊！”

孩子十分感动，流着眼泪后悔地说道：“陶校长，你打我两下吧！我错了，我砸的不是坏人，而是自己的同学呀！”

陶行知满意地笑了，他随即掏出第四块糖果，说：“为你正确地认识错误，我再奖给你一块糖果，可惜我只有这一块糖了，我的糖送完了，我看我们的谈话也该完了！”

你看，教育大家举重若轻，在瞬间就解决了问题。

一位父亲在孩子犯了错以后，苦口婆心地教育孩子。他动之以情、晓之以理、导之以行，一口气说了两个小时，自以为教育很成功。在谈话快要结束的时候，他对孩子说：“你觉得我说得有道理吗？”

孩子说：“有道理！”“那你把我说的重复一下。”孩子没3分钟就说完了。这位父亲感到有点沮丧、失落：自己说了两个小时，孩子真正听下去的只有三分钟。

从此以后，他给自己定了条规矩——和孩子谈话，不超过5分钟。

如果说为避免超限效应的消极影响，与孩子谈话做到要言不烦，那么，与不专注的孩子谈话时，就更要注意这一点，因为他们本来注意时间就短，容易分心走神，情绪还会冲动，长篇大论更是有害无益。除了不能解决问题，还可能引发亲子冲突。

当然，长话短说，不是简单的削减时间，而是指在有限的时间内切中要害。这个要害有三种表现形态，一是站在孩子的角度而不是教育者的角度去讨论问题；二是迅速引发情感共鸣，以情动人；三是有理有据的说辞，以逻辑力量去说服人。

特别是在孩子进入青少年期以后，与幼儿期、童年期最大的变化之一就是他们不仅要知道“是什么”，还想知道“为什么”。孩子小的时候，家长会告诉他，这是什么，那是什么；这东西可以吃，那东西不能碰；这个是好人，那个是坏人。孩子照单全收，言听计从。

孩子进入青少年期后，这种方式已经无法满足他们的需要了，他们需要外部世界在提供“是什么”信息的同时，还要提供“为什么”的信息。也就是说，他们需要的不是一个简单结论，而是一个有理有据、令人信服的判断。

所以，要和孩子讲道理，最好是与他们一起讨论出一个道理。如果你的道理很充分，论据也很扎实，孩子没有理由，也没有必要与你对着干。所以，在孩子进入青少年期以后，教育的方式要有变化，要“摆事实、讲道理、有论证、要讨论”——尽管这比过去要更麻烦一些。

说话多少，看起来是一个技术细节，有时却决定成败。

给你一个建议，和孩子谈话，不要超过5分钟。对于不专注的孩子，更不能超过这一时间。

3.5 巧用情境，才能声入人心

凡是试图说服人的工作，都需要借助情境，利用情境。在特定的环境氛围中，交流可以取得超乎想象的效果，因为情境本身就有着巨大的暗示力量。

银行的建筑为什么要富丽堂皇？那是在暗示你——我有的是钱，把钱搁我这儿，尽管放心。

当铺的柜台为什么要高？那是在暗示你，到这里来就是不平等交易。

老板的办公桌为什么要又宽又大？那是在暗示你，他和你之间有距离，然后才有权威。

同学聚会为什么最好是在原先的教室？那是因为在这里最容易勾起学生时代的回忆。

如果你在一个宗教场所讲生意，在游乐场和孩子谈学习，恐怕连你自己都感到别扭。

谈话要讲究氛围，在特定的情境中谈特定的话题，效果最好。在教育与培养孩子的活动中，更要注意这一点，因为孩子的感性大于他们的理性。

有个女孩有早恋迹象，她的母亲是这样做的：

“我找了个周末带女儿出去郊游，在路过一个苗圃时，我停下来，和女儿商量买棵小树苗（很小的那种）回去种在门前的大院里。我们选啊选，眼睛都挑花了，还是拿不定主意。我问女儿：‘你说，这些树苗里，将来哪棵能长成参天大树？’女儿为难地说：‘妈，现在怎么知道啊，只有将来它们长成了才知道，或者，等它们再长大一些，我们再来挑？’

“我看着女儿重复了几遍：‘嗯，等它们再长大一些我们再来挑吧！’女儿一下子明白了我的意思，脸红了。过了几天，女儿对我说：‘妈妈，那事我已经处理好了，您放心吧，我已经对那男孩说，我们现在还是中学生，有些事等再长大一些再说吧。’”

早恋问题每每会产生亲子冲突，这位妈妈巧妙地利用情境暗示，在和谐的气氛中化解了这一难题。这就是情境暗示的魅力所在。

有一个孩子在我工作室训练，他妈妈就想利用一个场景与孩子谈话交流。这孩子多动，同时十分喜好音乐。我告诉那位母亲：“你就多带他去听听音乐会吧。”

孩子当然很乐意。听完音乐会后，在车上，母子俩展开了一场貌似闲聊的谈话。

母亲说：“今天的音乐好听吗？”

孩子说：“好听。”

母亲说：“你有没发现音乐会现场有什么特别的地方？”

孩子说：“什么地方特别？”

母亲说："好吧，我们一起想想。"

接下来，母子俩总结出了一堆特别之处。比如：观众都穿得很正式；剧场里没人走动；大家都把手机关成静音；没人窃窃私语；散场时大家都很讲礼貌……

然后，母亲说："其实，这些人也会有电话打进来，也可能会有什么事要走动，但他们都克制住了自己的行为，因为在这个场合，个人行为是需要受到控制的。人不是不能动，但要做到该动的时候动，不该动的时候不动。你知道一个成语吧，叫'动若脱兔，静若处女'。"

孩子若有所思地说："我知道！是说人该动的时候要像闪电一般迅速，该静的时候要像淑女一样文静。"

母亲说："太对了！我们来捋一捋，什么时候该动？什么时候该静？咱们先来看看什么时候该动。"

接下来，母子俩一起思考起来：在运动场上该动；在赶路比如去火车站的路上该动；和小朋友一起做游戏的时候也该动。这样一些场合，不动是不对的。

那么在哪些场合该静呢？

上课的时候、做作业的时候、在公共场所的时候就该静。

这时，孩子已经觉察出妈妈的意图了。他对妈妈说："妈妈，我今后在这些场合会安静的，可有时我控制不住自己呀。"

妈妈说："我不是要你一夜之间就完全控制住，而是希望你向这个方向努力。只要你努力，再加上科学的训练，会有这一天的！”

利用情境，对人进行教育与说服，适用于所有人，尤其适合儿童、青少年。这是由儿童、青少年的思维特点决定的。学龄前儿童的主要思维方式是形象思维。到了上小学时，他们还是以形象思维为主。

上初中时，他们的抽象思维开始占优势，但形象思维依旧会起很大作用。情境即形象，所以情境教育对孩子具有非凡的力量，而且可以在无冲突的状态下实现。

唐太宗李世民不仅治国有方，教子也相当有水平。他总结出一套“遇物则诲”的教育方法，就是在特定情境中进行特定内容的教育。这对后人很有启发意义。

李世民是这么做的：

比如，和太子一起用餐时，他会对太子说：“种庄稼实在是一件不容易的事，农民要想得到粮食，就得长年累月地在田里辛勤耕作。你要明白了这个道理，就会永远有饭吃。”

带着太子骑马游玩时，他对太子说：“这马和我们人一样要有劳有逸，不能劳累过度。要是把它的力气都用尽了，马就会累死。你要是明白了这个道理，就会永远有马骑。”

夏天，他带着太子在大树下乘凉，指着大树的树干对太子说：“木匠要把这大树干锯成木板，必须依照绳墨才能锯直，你将来要做君王，要注意听取大臣们的进谏。只有虚心听取大臣们的进谏，才能做到圣明。”

他带着太子在江河中游览的时候，就指着江水对太子说："这滔滔江湖水可以把大船浮起来，也可以把大船掀翻。老百姓就好比这江湖水，君主就好比这船。老百姓可以拥戴你，也可以把你推翻。"

这样的教育，孩子当然很容易接受，并且印象深刻。

李世民是利用情境教育孩子的，还有人会创设情境来教育孩子。我国著名教育家黄炎培先生曾做过这样一件事：

黄先生家住一栋两层的小楼，他的书房在2楼。有一天，他故意把一只鸡毛掸子扔在书房门口的地上。不管是谁，只要到2楼书房，就一定会看到这个鸡毛掸子。他想看看，孩子们会怎么处理？

布置好了，黄先生先喊大女儿。大女儿应声来到楼上，看到了鸡毛掸子，没作声也没动手，而是绕过鸡毛掸子，来到爸爸身边。黄先生看了一眼，没吭声。

接着，他又喊儿子上楼。儿子看到鸡毛掸子，直接跳了过去。黄先生皱了皱眉头，也没说话。

最后喊的是小女儿，小女儿一蹦一跳地上楼来了。她看到了鸡毛掸子，却一脚把它踢到了一边。黄先生轻轻地叹了口气。

这时，黄夫人看到丈夫把三个孩子一个个叫上去，不知道发生了什么事，于是也上楼想看个究竟。她上楼的时候看到了鸡毛掸子，就顺手捡起来，把它放回原处——这个情节不是黄先生特意安排的，但出现得恰到好处。

黄先生对孩子说："你们三个都看到了鸡毛掸子扔在地上，但都选择了无动于衷。你们的妈妈却捡起来，把它放回了原处。这本来就是个举手之劳，可你们为什么就不能去做呢？难道不应该反思吗？”孩子们都惭愧地低下了头。这件事对黄先生三个孩子的教育作用很大，很多年后，他的孩子也没有忘记这一次耳提面命的教育。

找准情境，创设情境，有效地利用情境，与孩子的交流与教育就会轻松许多，效果也会格外显著。

有句话，几乎每个中国人都耳熟能详：“良药苦口利于病，忠言逆耳利于行。”没人对这句话有疑义。可是，在一次中美心理学家的跨文化交流中，却出了点状况。

美国心理学家首先问：“翻译没问题吧？”得到的回答是：“没有！”接下来，美国心理学家直摇头，表示不理解，良药为什么要苦口呢？加个糖衣不好吗？忠言何必要逆耳呢？让人听得舒舒服服，不是更容易接受吗？

中国心理学家这才恍然大悟，明白了美国人摇头的原因。仔细想想，美国心理学家说得也有道理。我们中国人对这句话太过盲从，直至许多人认为不苦口的就不是良药，不逆耳的就不是忠言。

这是一个误区！好东西加好包装，人们的接受度岂不更高？

尤其是对孩子，本来他们的理性程度就不够高，恶言相加，必遭强烈反弹。你知道孩子反抗成人世界的两种最常见的方式吗？一是向更弱者施以暴虐；二是不惜以毁灭自己来报复成人世界。

第四章

8 条路径，为孩子量身打造专注力训练计划

Chapter 04

为了更好地做好培养孩子专注力的工作，我画了一个全景式路线图。

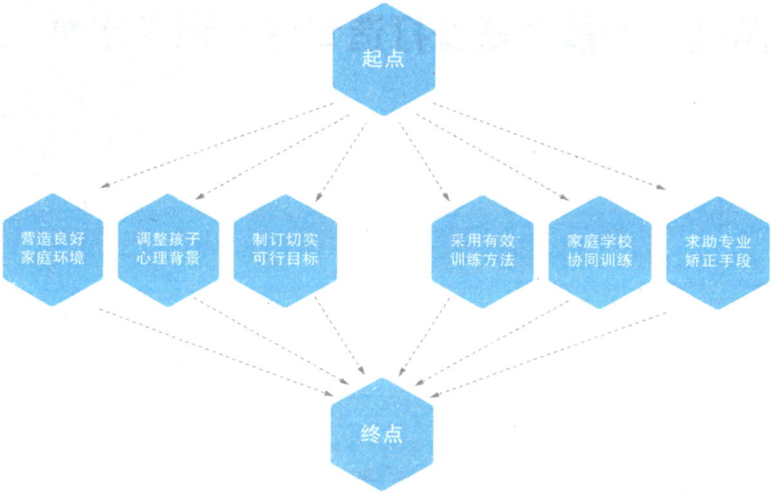

4.1 营造安静舒适的环境，建立孩子内心的秩序感

虽然每个家庭的经济水平、住房条件各有不同，但居住环境是可控的。如果我们可以给孩子提供一个舒适的居住环境，会让孩子从环境中感到一种内在的秩序，这对他们的心境会有很大的影响，他们的专注力自然会比其他孩子好。

物理环境

井然有序的环境会给孩子有序感。学习活动是一种逻辑思维活动，秩序感在逻辑思维活动中具有重要的作用。如果家里的环境凌乱不堪，我们还要求孩子认认真真地写作业，这本身就是一种悖论。

家长要明确家庭的空间关系，让孩子生活在一个有秩序的环境中。事实上，很多不专注孩子的家中一片凌乱，很多物品都没有放到相应的位置上。因此，孩子的潜意识受到了杂乱环境的影响，心理已经开始变得紊乱，也就无法控制自己的行为了。

宁静的环境给孩子以安定感。环境安静了，人心就容易静；心静了，注意力才有集中的可能性。虽然意志坚强的人能在闹中取静，但我们不能对孩子也提出这样的要求，更不能对不专注的孩子提出这样的要求。

有些孩子在家学习时喜欢听音乐，家长该如何对待这种现象呢？

研究表明，节拍缓慢、舒缓自然（每分钟60拍左右）的音乐有利于增强记忆、集中注意力；而那些节奏快、起伏大的音乐，只能起到干扰作用。所以，我们应该给予孩子良好的引导，让他们在宁静的环境中学习。

弥漫着文化氛围的家庭环境，能给孩子以良好的心理暗示。中国人特别喜欢用“书香门第”这个词来表现一个有文化内涵的家庭，这种文化氛围会对孩子产生潜移默化的影响，让他们热爱读书，减少一些不好的行为。

所以我建议大家在布置家居环境时，少一分“土豪气”，多一分书卷气。

心理环境

与物理环境相比，心理环境对孩子的影响更大。

我们可以发现：知识分子家庭的子女的学业水平普遍要高一些。如何来解读这一现象呢？有人说，知识分子聪明，他们的孩子也聪明。但实际情况是，大部分人的智力水平都差不多，都是“中人之智”。

还有人说，知识分子有文化，可以辅导孩子的课业。这话也不靠谱，其实大部分人都忙于工作，无暇顾及孩子的学业。所以，文化水平高的家长对提高孩子的课业成绩其实没什么特别的帮助。

有一个父亲经常严厉地管教自己的儿子，但事与愿违，孩子的学习成绩还是不行。这时，单位要求职工考证，父亲每天都要学习电工原理，也没有时间管孩子的学习了。

半年过去了，父亲拿到了电工等级证，孩子的学习也莫名其妙地有了很大的进步。

父亲大惑不解，于是找孩子谈心：“我认真管你，你学习成绩不好；我不管你了，你的学习成绩怎么反而上去了？”儿子答道：“我看您都40多岁了，每天晚上还努力学习，看来要想在这个社会上立足，没真本领还真不行。我想我也别瞎晃了，赶紧好好学吧。”

小力的家境很好，他有一个自己单独的房间，优质的学习用品一应俱全，参考书更是想买什么就买什么。从学习的硬件条件来看，父母肯定是对得起他了。不过，他爸爸每天都要打麻将或斗地主，他妈妈更是成天看韩剧。

要说两口子不关心孩子的学习，也不是事实。爸爸妈妈也会在打牌休息或电视剧广告的时刻，到小力的房间看一眼孩子，或鼓励，或训斥，或问问孩子有什么需要，或看看房门关得是否严实，会不会有声音传到里面……

但小力的成绩却每况愈下，有一回，他趁爸妈不在，居然叫了几个同学到他家来“斗地主”。被发现后，恼羞成怒的父亲狠狠地扇了他两个耳光。

我认为，如果父母为孩子创造出一个良好的学习氛围，则有利于提高孩子的专注力。比如，到了晚上，父母可以读书或写作，在父母的带动下，孩子就更能心无旁骛地做作业——因为父母是孩子最好的榜样。

如果父母在打麻将，让孩子到房间里去做作业，即使将物理环境控制得再好，也会有麻将声传到房间，孩子能安心学习吗？孩子的注意力能高度集中吗？在这种情况下，成人尚不能自持，更何况心理上还不成熟的孩子。

做父母的，要想把孩子教育成才，就要先对着镜子看看自己的行为举止，因为父母是孩子最好的老师。

家庭管理模式

在许多家庭中，我们可以看到这样的场景：

孩子坐在堆满了书和练习本的桌子前，手里拿着笔，眼睛望着天花板，耳朵在竭力搜寻从客厅里飘来的电视机的声音。

父母走了过来，斥责道："你怎么不做作业？"

孩子振振有词："我怎么没做作业，我正在思考问题。"

一旦过了规定的写作业时间，孩子把笔一扔，就会立刻玩起来。父母皱起眉头，苦恼自己的孩子怎么会这样。

家长们不知道问题很可能是出在管理模式上。

目前最常见的家庭教育管理模式是：孩子放学回家后就是写作业，晚饭后继续学习到9点或10点（根据年龄或年级而定），然后睡觉；周六周日可以看电视、玩游戏，平时则不准。

另一种管理模式是：孩子放学回来就吃饭、做作业，9 点到 10 点（根据年龄与年级而定）睡觉。在做完作业之后、睡觉之前的这段时间，孩子可以自由支配时间。

第一种管理模式的核心是时间的准时性，这时，孩子心里一定会想：我所要完成的任务是时间，把时间熬到头就行了。第二种管理模式的核心是任务，这时，孩子心里一定在想：集中精力、抓紧时间完成作业，然后就可以去玩啦！

让我们来换位思考一下，假设你是一个孩子，这两种管理模式你会选择哪一种？很显然，第二种模式更可能让孩子全神贯注地投入到作业之中，更有利于培养孩子的专注力。

我们经常在许多励志故事中看到主人翁如何在恶劣的环境中奋发努力，一举成名。这些故事可能是真实的，但它们都是小概率事件。

如果我们能给孩子提供一个良好的环境，孩子成才的可能性是不是更大些呢？环境是造成孩子不专注的原因之一，我们能做的就是为孩子打造一个良好的环境。

4.2 帮孩子管理好情绪小怪兽

任何一种心理现象都不是孤立存在的，不专注的现象也是如此。所以，我们要训练孩子的专注力，就不要把目光完全放在孩子的心理上，而是要全面调节孩子的心理背景。孩子的心理变得强大了，他的专注力也会慢慢专注起来。

这个心理背景有两个核心要素：一是角色，二是情绪。有关角色的作用与意义，我在前面章节的内容中已有描述，在这里不再赘述，我们主要来谈一谈情绪问题。

人类是这个星球上的万物之灵，但人类很多时候并不是那么理性的，有些时候会做出很多非理性的事。为什么？因为人类的行为无一不带着情绪色彩，还不够成熟的孩子更是如此。你有什么样的情绪，你就会为你的心理世界涂上什么样的背景色，进而做出什么样的行为。

以心境为例。心境是一种微弱而持久，可以影响个体精神生活的情绪状态。当一个人产生某种情绪后，往往会用自己的眼光去看待一切事物，他的言语、行动、思想和接触的事物都会染上同样的情绪色彩。

当心情舒畅时，他说话和颜悦色，做事勤快利落，遇到什么事情都想得开，都感到满意。

当闷闷不乐时，他就会觉得什么东西都笼罩着一层灰色，做什么事都不开心。这就是古人所说的“忧者见之而忧，喜者见之而喜”。

心境对人们的生活、工作、学习有着极大的影响，积极良好的心境使人朝气蓬勃、心情振奋，勇于克服困难，提高学习和工作效率。消极的、不良的心境会使人萎靡不振、懒散无力，从而陷于被动，降低学习和工作效率。

所以，我们要注意调节孩子的情绪，使他们时刻处于积极乐观的状态之中。积极乐观的情绪状态可使孩子乐于学习，乐于进行专注力训练。在我的工作室里，有一条重要的评价指标，那就是孩子愿不愿意来这里。他们在到这里来的路上，是期待还是反感？

如果是反感，我们首先要做的工作不是对孩子进行训练，而是调节孩子的情绪状态。因为在负面情绪的状态中，孩子的训练工作很难取得成效。

如果孩子积极乐观，那么他的学习和训练会快速取得效果。保加利亚的心理学家拉扎诺夫创造了一种被认为十分神奇的教学方法。运用这种教学方法，有的学生3个月左右时间就能娴熟地掌握一门外语，还有的学生甚至在一天内就学会了上千个单词，而且成功率高达98.08%。

1977年，在一次多国学者参加的学术会议上，这种教学方法经过严格验证并被学术界所认可。那么这种方法的秘诀是什么呢？说来也并不复杂，就是以暗示为工具，放松学习者的身心，让他们的情绪处于快乐的状态，然后知识的输入就变得极为顺畅了。

宋代大诗人陆游写给他儿子的诗中有这么两句：“汝果欲学诗，功夫在诗外。”同理，在调节与训练孩子的专注力的时候，我们不能把目光全盯在专注力上，建构一个积极向上的心理背景，也是一项不可或缺的工作。

4.3　给孩子一个小目标，让他收获成就感

提升孩子的专注力，我们要制订一个切实可行的目标。如果给切实可行的目标下一个操作性定义，那就是这个目标要处于孩子的“最近发展区”。

提出这一理论的是著名心理学家维果斯基，他形象地说：“摆在孩子面前的任务是他们跳起来能够得着的桃子，不是跳起来也够不着的桃子，更不是不用跳起来就能够着的桃子。”

这一目标有以下具体要求：

第一，目标要明确而具体。

我们总是喜欢制订大目标，比如说我们要消除存在于孩子身上的不专注现象，提升他们的专注力。

这个目标没错，但太笼统了，你要清楚地知道并计划好你想消除的现象到底是什么，孩子变成什么样子才算是缓解了，什么样子才算是消除了，多长时间才能完成……而所有这些在这一目标中都没有得到回答，因此也无法有效地执行。

请拿出一张纸来，写下你的具体目标和完成的标准，例如：

要解决的问题——作业拖延。

要培养的能力——时间概念。

状况缓解指标——原先每晚写作业时间超过3小时，能在两个半小时内做好就算是缓解，一个半小时内做好算是根本性解决了问题。

时间周期——用3个月的时间来解决作业拖延问题。

这样的目标就是明确而具体的，便于操作，效果也是可检测的。

第二，孩子的状况是逐步改善而非瞬间颠覆的。

孩子的不专注现象不是一天形成的，当然也不可能在一天内解决。如果有人对你说，只要他和你的孩子谈一次话，孩子身上的坏毛病立马就能解决。建议你别跟他再聊下去了，此人无疑是个骗子。

我们所期待的应该是逐步改善孩子的状况，而不应该求速成。改善意味着比以前有所好转，改善也意味着并没有发生根本性的变化，并没有达到最理想的境界。

当然，经过日积月累的训练，孩子的状况肯定会发生巨大的变化。比如，通过一段时间的训练，孩子本来上课只能听10分钟，现在能听15分钟了，这就是一种改善；因性格容易冲动，孩子原先一个星期要在外闯5次祸，现在只闯3次了，并且事后有后悔的表现，这也是一种改善。

所有这些，都应看成训练的成功，而非失败。家长一定要有耐心，因为罗马城不是一天建起来的。

第三，我们要对目标进行分解。

我们要用“爬山法”分解目标。所谓“爬山法”，就是把自己的目标划分为小目标、中目标和大目标。在每一个已定目标完成后要及时奖励自己，以提升自信心，坚定意志力。

我们都是普通人，没办法一步登天，当我们给自己定下一个大的目标时，是需要一个个小目标的积累的，只有完成一个个小目标，大目标才会最终实现。就像爬山一样，我们只能一步步慢慢地往上爬，每走一步就更接近山顶一些，爬到了山腰也就达到了中目标，继续一步一步向前走，最终会到达山峰。

将庞大、遥远的目标划分成更合理、更易实现的小目标，你就更能接受这个目标，并朝着它努力。同时，在小目标一一实现的过程中，我们还能持续不断地体验到成就感、满足感。这些心理感觉能继续增强我们的耐力，让我们更坚定地去实现下一阶段的目标。

第四，制订实现目标的时间表。

要想实现目标，我们需要有一个时间表，要有一个序时进度。这是一种期盼，也是一种督促。

在时间表中分别列出实现小目标、中目标、大目标的起始时间与终结时间。这个时间表不是一成不变的，要根据实际执行情况，适时进行调整。

对于一艘没有目标的船来说，来自任何方向的风都不会是顺风。虽然说计划不如变化，虽然说目标在执行过程中一定会有更改与变动，但事前制订切实可行的目标仍然不可低估。它能保证我们的训练行为始终沿着一条正确的轨迹运行，以确保活动的高效率与经济性。

4.4 超好用的 IVA–CPT 测试训练法

有效的训练方法具有以下几个特征：

（1）有足够的科学依据和逻辑力量。

（2）无副作用，或者说这种副作用是可见的、可控制的，不会对孩子的生理、心理构成任何伤害。

（3）具有可行性和易操作性，对实施条件没有过于苛刻的要求。

（4）有针对性。

有很多家长问我什么方法对培养孩子的专注力最有效，这个问题无法回答，因为没有一种方法是“放之四海而皆准”的，最有效的方法一定是针对孩子的具体情况与特点的方法。

比如说不专注的几种行为表现为分心、多动、冲动、缺乏时间概念，无论是特点还是内在原因都相距甚远，当然不可能以一种方式涵盖。还有一些孩子属于混合型，他们的内在原因会更加复杂一些。

建议家长朋友们在条件允许的情况下，做一做IVA–CPT测试——一种精准的专注力测试手段。

IVA–CPT测试，即视听整合持续测试系统，是通过一种持续性操作软件对儿童进行测试（视听整合测试），准确呈现儿童理解力、控制力、专注力的状况，从而为训练与教育奠定坚实的基础。

通过测试可以得到以下商数：

谨慎商数

一致性商数

持久力商数

警醒商数

注意力集中商数

速度商数

平衡能力商数

敏捷商数

理解力商数

持续性商数

感觉/运动商数

多动商数

这些商数均会以量化的方式表现，可以准确测量出一个孩子的专注力整体状况，反映其特点、特征的所在。

IVA-CPT 测试非常精准，有经验的专业人员通过这个测试可以准确描述孩子的注意状况与行为表现。比如说我不用见到某个孩子，也不用家长介绍，只要看到测试结果，就可以描述出这个孩子的日常行为表现和主要特征。

IVA-CPT测试需要专门的设备，更需要专家解读，不过现在已经有了远程测试技术，在家里也可以享受这种服务了。

有了这样的测试结果，训练方法的针对性问题就迎刃而解了，训练的效率与效益自然就会大大提高。顺便说一下，少数家长在这个问题上存在心理障碍。他们觉得让孩子去做测试就说明自己的孩子有病，或者说明孩子存在缺陷。其实，这种想法是不正确的。

现在有一个新概念正在悄然兴起，那就是“学能体检”。它被学界认为是开发潜能，提高学习能力与学习成绩必需的基础条件。IVA-CPT测试是学能体检中极其重要的一项内容。

IVA-CPT测试还可以以数量化的方式显示训练结果，以下案例是在我工作室训练的孩子训练前后的对比（见表4-1、4-2和4-3）。

表 4-1　专注力训练之前

视觉整合连续测试报告

姓名：淘XX　　　　性别：男　　　　年龄：6岁4月5天

理解力商数	Q值	
听觉 / 视觉	79 / 81	

名称	控制力商数	注意力商数
听觉	44	73
视觉	21	59
综合	40	61
多动事件次数：8 次	多动商数值：111	

听觉	脑控制力尺度	视觉		听觉	脑控制力尺度	视觉
Q值	名称	Q值		Q值	名称	Q值
58	谨慎商数	59		93	警醒商数	93
43	一致性商数	14		48	注意力商数	19
90	毅力商数	65		114	速度商数	100

表 4–2　专注力训练之后

视觉整合连续测试报告

姓名：淘XX　　　　性别：男　　　　年龄：7岁12月25天

理解力商数	Q值	
听觉 / 视觉	108 / 117	

名称	控制力商数	注意力商数
听觉	114	123
视觉	107	122
综合	111	128
多动事件次数：8 次		多动商数值：111

听觉	脑控制力尺度	视觉		听觉	脑控制力尺度	视觉
Q值	名称	Q值		Q值	名称	Q值
113	谨慎商数	106		111	警醒商数	116
116	一致性商数	117		123	注意力商数	116
99	毅力商数	90		101	速度商数	113

表 4–3　调整前后的典型行为对比

	调整前典型行为	调整后典型行为
上课	上课走神、开小差、东张西望	专：听课聚精会神、容易听懂记住、上课敢于举手回答
作业	边做边玩、作业拖拉磨蹭	快：上课听懂了，专心写作业快，效率高 。
考试	考试粗心大意、平常会的题目也经常出错	细：专心致志审题、答题
课外	坐不住，一分钟也安静不了	高：成绩好、兴趣高，专心学习成绩自然高

当然，具体的训练方法，我们将在以后的章节中，针对特定现象分别介绍。

4.5 父母 + 学校 = 专注教育的最优解

对于上学的孩子来说，他们一半的时间在家庭，另一半的时间在学校。他们生活环境中的权威人物分别是家长和老师。

显而易见，如果家长与老师之间没有一个很好的沟通，孩子不专注问题的解决一定会困难很多。如今盛行的“家庭－学校－社会协同”教育模式的确是一种很好的选择。

这里主要从家长的角度谈“家庭－学校”协作的技术细节。

首先，在家庭与学校沟通协调的问题上，家长应当扮演主动方的角色。

也就是说，你要主动去找老师，而不能等老师来找你。坦率地说，老师虽然也为孩子的不专注行为而头疼，但更着急的还是家长。

孩子只是老师的工作对象，却是父母的骨肉至亲。老师要面对几十个孩子，家长只需要面对自己的孩子。

其次，家长要和老师建立起彼此信任的关系。

相互信任与相互尊重总会带来最好的结果。和老师建立起良好的关系，是你送给孩子的珍贵礼物。

一提到与老师建立良好的关系，就有人想到给老师送礼。教育行政部门规定，严禁给老师送礼，正直的老师也会因为你给他送礼而有一种被侮辱的感觉。

其实，我们可以在送礼之外为老师做点什么，比如帮助老师做些班级工作，利用自己的专业知识为老师个人提供金融或健康方面的咨询。

总之，人际关系的基本原则是“交互原则”，你投之以桃，我报之以李。如果你肯花时间和老师建立良好的关系，那么孩子在学校的表现会更好，他也会更喜欢上学。

然后，坦诚地向老师公开孩子的所有情况，包括各种测试结果，不要有任何隐瞒。

老师的知情与家长的知情同样重要。只有在老师知道全部情况之后，他们才会以特别的眼光和特别的要求去对待你的孩子。如果专业人员对孩子的家庭教育和学校教育提出了要求与建议，也要告知老师。

请特别注意一点：要以专业人士的名义，而不要以自己的名义要求老师做什么，或者不做什么——这一点很重要。

最后，我们可以对老师提出以下请求：

（1）请求老师让孩子坐在教室的前排，这样孩子可以更多更好地处于老师的监督之中。

（2）请求老师给予孩子更多的关注。回想一下我们自己上学时的经历，老师的一个眼神或者拍一下我们的肩膀，都会让我们感到一阵温暖。

（3）请求老师对孩子的期待与要求更简单，更合乎孩子的实际情况。

（4）请求老师在孩子的行为逐渐好转时，及时给予表扬。

（5）请求老师能促使孩子保持一种良好的情绪状态。

（6）请求老师在孩子出现变化（指不同方向的变化）的时候，能及时与家长沟通。

（7）请求老师多给自己提建议与要求。

家长与老师配合、协调得好，训练工作就能取得“一加一大于二”的效果；家庭与学校处于对立状态，可能就是“一减一等于零，甚至是负数”的结果。我们没有任何理由不与老师协调配合，也没有任何理由不与老师密切地协调配合。

4.6　多动孩子的家庭训练法

如果发现孩子确有多动行为，并且在前面的多动测试中不能做到保持一分钟不动，进行相关训练就很有必要了。我提供几种常见的家庭训练方法。

第一，“创造一个有联结的童年”。

对于训练专注力有问题的孩子，哈洛韦尔教授提出了“优势循环”的五个步骤，其中的第一步，也是他认为最重要的一步，就是“创造一个有联结的童年”。

在他看来，有联结的孩子会觉得自己在社会上有更多的参与感。他能感觉到自己被爱和关心的手臂拥抱着。感觉无法用语言来形容，它比信仰和知识更深刻。哈洛韦尔把这种情感联结称之为“联结维生素”。

有了这种维生素，孩子的分心行为可以得到有效的调节。

在我们看来，“创造一个有联结的童年”，对多动的孩子更是有着特殊的意义。面对多动的孩子，父母总是希望他们不要动，安静点。

这可能吗？

显然是一厢情愿。

古人早已明白这个道理：治水靠的不是“堵”，而是“疏”。孩子本来就精力旺盛，再加上由于生理、心理因素造成的多动行为，想让他们一下子变得乖巧文静，显然是不可能的。

我们何不顺势而为，把他们旺盛的精力引导到正确的方向与路径上去呢？这个正确的方向与路径就是“创造一个有联结的童年”。

哈洛韦尔教授具体罗列了种种联结的方向与内容：

和家庭联结。这是童年的联结核心。联结并不表示没有冲突，联结的反面也不是冲突。要建立有联结的家庭，必须花时间相处、沟通、互动、讨论、争论，甚至吵架，但不能不理不睬。

和朋友以及社区联结。友情让人生有意义，要鼓励孩子多交朋友，并维持和朋友间的友谊。父母自己则要以身示范，多花时间与朋友相处。

和学校联结。重点不是成绩如何，而是在学校里是否感到舒服自在、受欢迎，并能感觉到自己有活力。

和热爱的活动联结。鼓励孩子尝试所有的事。童年就是探险的年纪，找出自己喜欢什么，爱什么，不在乎什么，找到越多喜欢的活动，就越可能得到终生的快乐。

和过去联结。培养孩子和过去建立联结，如让孩子听祖父母讲故事，跟孩子说自己的童年故事以及有关家庭传统、奋斗、胜利和希望的故事。

和大自然或特殊地方联结。只要带孩子出去玩，他们很自然就会和大自然产生联结。可以带他们去特别的地方，比如树屋或天然河流，这是童年生活的一部分。

和艺术联结。音乐、童谣、打扮、画画，儿童是天生的艺术家，一旦和艺术产生联结，他们会渐渐发展出一生的兴趣。

和宠物联结。每个孩子都应该有自己的宠物，因为宠物提供了不可替代的特殊联结。

和信息及想法联结。学习的最大障碍就是恐惧，要培养孩子不害怕和信息建立联结的能力。

和团体、球队、社团联结。这些组织常常有特定的活动内容、特定的地点和特定的组织形式，十分有利于孩子产生责任感。

和电子产品联结。有联结的童年也应该包括电子产品，比如手机、网络等。很多人反对儿童使用电子产品，会细数出它的许多危害，这也没错，但有一个事实：电子产品已经定义了现代人的生活与现代人的童年，你根本无法回避它、绕过它，它已经成了我们生活的一部分。

对于家长来说，重要的是把它当成孩子生活的一部分，而不是全部。

和自己联结。如果你给孩子创造了一个充满联结的童年，发展出上面提到的各种联结，那么孩子自然会和自己产生良好的联结，他会以一个更加健康、更加完美的形态出现在你的面前。

如此众多的活动，足以消耗掉孩子那旺盛的精力。精力耗尽之后，他能不安静吗？更重要的是，这些联结活动对于孩子人格的完善、知识与能力的增长、积极情绪的培养、良好意志品质的塑造都具有非凡的意义与作用，这不正是我们期待的一举多得吗？

第二，参加体育活动。

为什么要参加体育活动呢？一是孩子的精力过剩，体育运动可以消耗掉他们过于旺盛的精力。参加体育运动，就是为旺盛的精力找个出口。二是体育活动都有规则，这也可以训练孩子的规则感。

比如说，踢足球时不能用手，否则就是犯规。在足球比赛中，手球是要被惩罚的（守门员除外），还会影响整个团队的成绩。这种在运动时建立起来的规则感也会逐渐迁移到孩子的日常生活中，对矫正他们的多动行为有直接的帮助。

对于体育运动，每个人都有自己的偏好，有人喜欢篮球，有人喜欢足球，有人喜欢乒乓球。家长要尊重孩子的偏好，但可以建议或者引导孩子去学游泳。为什么特别推荐游泳这一项目呢？因为游泳对提高身体的协调能力和自控能力有较大的帮助。

第三，做游戏。

“我很安静”游戏

孩子的多动往往与情绪的不稳定有直接的关联。他们很少体验到平静感与安定感，以及这些感觉给自己带来的享受。但这种感觉通过游戏训练就可以获得。

“我很安静”这个游戏其实就是静坐。在信息社会中，没有人能离开各种科技产品。很多孩子在电视前一坐就是几个小时，这对身体和心理都是有百害而无一利的，而且，过多的图像也会对孩子的注意力构成干扰。

因此，心理学家建议现代家庭每天抽出5分钟的时间和孩子一起静坐，体验安静带来的快乐和喜悦。静坐可以以游戏的方式来进行，这种方式现在在欧美家庭中很流行。

对于多动的孩子来说，长期坚持做这种游戏，十分有益处。

我来具体介绍一下游戏过程：

全家人围坐在一起，由一名家长主持。

充当主持人的家长可以这样说：

我们现在练习“我很安静”游戏。

盘腿坐好，把手放在膝盖上，全身保持不动。

现在，我们来说：“我很安静。”

轻轻地说三次：

我很安静，

我很安静，

我很安静。

吸气的时候默默地说“我”。

呼气的时候默默地说“安静”。

闭上眼睛，吸气的时候默默地说“我”。

呼气的时候默默地说“安静”。

吸气：“我”，呼气：“安静”。

再来一次：

吸气：“我”，呼气：“安静”。

再来一次：

吸气：“我”，呼气：“安静”。

现在，深深地吸气，慢慢地呼气，你会发觉你现在感觉很舒服。

在接下来的几分钟里，保持这个状态2~3分钟。

你是非常安静的，

你在生活和学习中也会是非常安静的。

慢慢睁开眼睛。

你会越来越棒。

安静下来以后，再玩“我们一起变成一座大山”的游戏。用“大山”的意象，使孩子进一步感受稳定与安静的感觉。

过程是这样的：

全家人围坐在一起，由一名家长主持：

现在，我们来练习变成大山。

盘腿坐好，

调整好身体，双手放在膝盖上，

坐直，后背挺直，

想象自己是一座高山。

大山不发出声音，也不动，

大山下面连着大地，向上一直伸向蓝天。

你的腿是山底，连接着大地，

从你的腰到你的头是山峰。

现在，将手臂上举，

一直伸到天空里。

闭上眼睛，想象你从高山山顶能看到什么东西。

也许你看到了太阳、飞着的鸟、飞机和彩虹（停顿5~10秒钟）。

现在，慢慢放下手臂，

把双手放在膝盖上。

深深地吸气，

慢慢地呼气。

觉察你现在的感觉，

慢慢地睁开眼睛。

“扎扎坐”游戏

扎扎坐游戏所使用的道具就是我们平时练习瑜伽时所使用的瑜伽平衡垫，它也被广泛应用于儿童训练中。这个道具在网上能够购买到，价格很便宜，非常适合作为家庭训练来使用。

扎扎坐游戏的目的是：通过训练孩子的平衡感，提升他的自控力和专注力。游戏时间大概在8~10分钟。

游戏方法：

A训练：扎扎坐站立。

要求孩子单脚站在扎扎坐上，双手平伸，单脚抬起，每只脚站立2分钟。

B训练：扎扎坐扭动。

要求孩子坐在扎扎坐上，双手自然下垂。家长选一首节奏感强的快节奏音乐，让孩子随着音乐的节奏来回扭动，同时叮嘱孩子扭动的时候臀部不要离开坐垫。训练时间为3分钟。

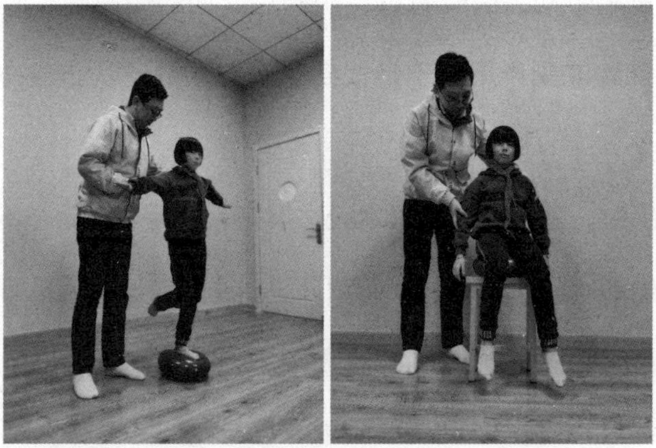

第四，给他们一个自由的空间。

有许多人的家中都有儿童房，那是孩子的天地。在这个天地中，孩子是主人，可以自由地玩耍。

如果没有儿童房，可以在客厅里专门辟出一个角落，作为孩子活动的空间。在这个天地里，只要无关安全，孩子可以充分地活动。

接下来，请大家看一个训练案例。

从早晨醒来，到晚上睡觉，上幼儿园大班的亦兵总是“处于永恒的运动状态之中”。在家里，他上蹿下跳，翻箱倒柜；到了学校也没法安静下来。除了看动画片《小猪佩奇》时能安定下来，其他时间他都在不停地动。

我和他们一家一起吃过饭的时候，在饭桌上，亦兵也是一会儿爬到桌子上，一会儿又会钻到桌子下面，还偷偷地打了我一拳。不用经过专业测试，只需肉眼观察就能知道：这是一个多动症儿童。

亦兵的爸妈带他去医院看过，服药后，他的情况确实有所好转，但他爸妈担心药物的副作用，于是找到了我们，希望以非药物的方式来帮助他的孩子。

孩子刚来时，正常的训练根本无法展开——他一直动个不停，对工作人员的指导置若罔闻。于是，我们制订了一个从游戏做起的训练计划，并且是大运动量的游戏，一直让他玩到累倒在地板上，一动也不想动为止。

在游戏的过程中，他收获了快乐，也与我们的工作人员建立了良好的关系。

一周以后，我们的工作人员突然严肃地对他说："喜欢这里吗？"

"喜欢！"

"那好！要想经常来这里，必须遵守这里的规矩。这很简单，见到我要说：老师好！走的时候要说：老师再见！"

这个要求不高，亦兵也完全能够接受。但这只是第一步，后来要逐步提出更多要求，建立规则感。

顺便说一下，对这些孩子一开始就提高要求，没有任何意义，还会招致对立情绪。而当孩子应允并执行了第一个不那么高的要求后，对第二个、第三个要求的接受度就会高许多。

然后，在亦兵游戏玩累了的时候，我们的工作人员会带着他做安静训练，也说是上文中提到的静坐游戏。在做了几次以后，我们发现效果很好，就建议他回去教他爸妈做。

人都有好为人师的一面，由他来当老师、当游戏主持人，让他很有成就感。当然，所有这些都是我们事先与家长“串通”好的。后来，静坐游戏成了他们家的传统家庭游戏。是的，这一游戏除了能训练专注力，还能起到融洽家庭气氛的作用。

有一次，工作人员假装不经意地让亦兵看到了许多孩子在我的工作室里做脑电生物反馈训练。

他好奇地问：“他们在干什么？”

工作人员说：“那是一个大脑健身房，他们在健身房里做运动，这对提高学习成绩很有帮助哟。”

亦兵站在那里目不转睛地看着。

工作人员问：“你想试试吗？”

“想！”

于是，亦兵开始了脑电生物反馈训练。

训练了一段时间后，亦兵的爸妈对他说：“最近你的表现很好，我们决定给你一个大大的奖励——送你到体育馆学游泳，而且给你找私人教练。”亦兵听后非常兴奋，高兴得跳了起来。

经过不到一年的训练，亦兵的多动状况有了根本性的改观，学习成绩也得到了显著提高。

有关多动行为的训练，基本原则是“以动致静”。喋喋不休地要求他安静毫无意义，因为孩子这种行为的特征就是无法安静。只有通过适当的活动（有价值、有意义、有助于孩子生成自控能力的活动），才能达到预期的目的。

4.7　等待训练法，让孩子的冲动不再有破坏性

那些不讲规则，时常有冲动、攻击性行为的孩子通常被人们称为“熊孩子”，而在我们看来，他们就是专注力有所缺失的孩子。这些孩子的行为表现具有直接的破坏性，常会造成一些让家长头痛不已的“伤害事件”。

那么，对于这样的孩子，该怎么训练呢？

我们来看一则案例。

正在读小学六年级的子豪无法控制自己的行为，特别容易受到外界刺激和自己情绪的影响：班上有两个同学在争吵，他本来只是一个旁观者，但最后的结果是他和别人打了起来；在日常沟通中，他经常表现得很不耐烦，会毫无征兆地打断别人的话。

在集体游戏或比赛中，他无法遵照游戏规则，不能按照顺序进行；行为鲁莽，不考虑后果，经常凭一时冲动，把原本美好的愿望变成不好的结果；当他有要求时，必须立即得到满足，不能等待；遇到挫折时，他无法忍受，常常出现激烈的情绪波动和冲动行为，甚至会动手打人，导致别人受伤害。

由于难于接受社会性规矩的约束，经常违反校规校纪，受到老师的批评和学校的处罚，子豪成了学校的“问题”少年。

媒体报道过这样一则新闻：“熊孩子大闹书店”。

小朋友愿意走进书店，按理说，无论是书店工作人员还是家长都会很高兴，因为孩子愿意看书肯定是好事。但两个进入贵阳乐转城市书房的小朋友却把店方弄得哭笑不得。

一个8岁左右的女孩和一个约三四岁的小男孩先后进入书店里的一个房间，然后，小女孩关上了房门。小男孩进门后径直钻进了桌脚，而小女孩看到桌上的书以后，就发现了新的乐趣。

随后，小女孩把书丢到了地上，看到小女孩的举动后，原先还在钻桌脚的小男孩立即开始有样学样。很快，桌上摆放整齐的一摞摞书就都被两个熊孩子扔到了地上。

孩子离开之后，店员发现这一地狼藉，就调取监控看到了这一幕。不过，书店方面并不想追责，只是觉得有点哭笑不得。

说这些熊孩子故意闹事，有意搞破坏，可能有点夸大其词，但他们不讲规则，不遵守社会道德与行为规范，破坏性大却是事实——如果任其发展下去，就有可能形成习惯性的反社会行为，甚至形成反社会人格。

这对社会安定是一种威胁，更不利于孩子的健康成长。

他们的这种行为，是典型的注意障碍症状的表现，即由于缺乏自控能力而表现出来的行为失控。事后，他们也会感到后悔，但在当时，他们就是控制不住自己的情绪。

大家都知道，一个人如果失去了自我控制的能力，不能管好自己的行为与情绪，是十分可怕的。特别是，如果孩子正处于青春期时，本来就容易激动，再加上缺乏自控能力，很可能会做出“一失足成千古恨”的事情。

为规避上述行为，我给大家推荐以下几种训练方法。

第一种：忽视法。

教育这类孩子，我给出的第一条建议就是在他们行为疯狂的那一刻，不要与他们直接对抗。这个时候，越是对抗，他们的行为会越疯狂，而且会让亲子关系陷入僵局。

如果你觉得孩子不会对他人或自己构成伤害，就可以采用“忽视法”。

在心理学中，忽视也是一种行为疗法。大家都知道，表演需要观众，观众走光了，表演也会停止。假如孩子在客厅里大吵大闹，家长通常会立即上前制止，但越是制止，他可能会越来劲。

这时候，我们可以换一个应对方法：其他所有人都到房间里去，不理他，那他还会继续歇斯底里吗？不会的！等他们平静下来，我们再进行教育，效果会好得多。

来看这样一个案例：

张敏现在读小学一年级，总是对妈妈说写字时手太酸，一定要妈妈扶着写，否则就不肯写作业。她妈妈为了让孩子写作业，就天天扶着孩子的手做作业。妈妈的娇惯强化了孩子不肯写字的不良行为。

后来，妈妈觉得再这样下去是不行的，就向心理咨询师请教解决方法。

心理咨询师告诉她可采用“忽视法”来进行矫正。在矫正刚开始时，妈妈对张敏说：“你一定要自己写字，否则明天交不出作业你自己负责。从今天开始，我是不会再扶着你的手写字了。”然后，妈妈走出了张敏的房间。

最开始的时候，张敏在房间里大哭大闹，一定要妈妈帮忙。妈妈既不打她，也不骂她，就是不理睬她。孩子哭了很长时间，并且也没做作业。

第二天，由于当天的作业没有完成，张敏被老师狠狠地批评了一顿。连续几天，张敏到做作业的时候就哭，渐渐地，哭完以后就开始自己做作业了。这时，妈妈及时地给予她表扬和奖励。一段时间以后，张敏要人扶着才写字的不良行为被矫正过来了。

第二种：暂时隔离法。

暂时隔离法，就是类似平时人们所说的“关禁闭”。当孩子出现某种不良行为的时候，你可以把他暂时隔离在一个单独的地方，利用隔离的这段时间，让孩子安静下来，并且让他知道被隔离是由于自己的不良行为造成的，必须要改变这种不良行为。

具体做法是：

设定某一不能被接受的行为为目标行为，例如攻击行为（打人）。

当目标行为（打人）出现时，要让他在10秒钟内停止活动，然后将他送到一个没有人的房间进行隔离。

将定时器放置在孩子能够听到却看不到的地方，告诉他，只有定时器响了之后，他才可以离开隔离的地方。

如果隔离时间已经到了，孩子仍在大喊大叫，那就重新制订隔离时间，直到他安静下来为止。

告诉孩子必须遵守这一规则，要不然就延长隔离的时间。

在隔离解除之后，家长要和孩子交流，告诉他被隔离的原因，并告诉孩子今后如果再出现同样的情况，他还是会被隔离。要想不被隔离，他就得改变自己的不良行为。

第三种：制订简单、可行而又始终如一的规则。

冲动的孩子非常缺乏规则感。在他们的心目中，一切以自我为中心，所有的行为都以自己一时的好恶为准则，怎么开心怎么做，没有任何力量能够规范自己、束缚自己。针对这种情况，就应该用规则制约他们的行为，让他们在执行规则的过程中培养起自己的自控能力。

这个规则应该是简单的，如果规则过于复杂，那对于冲动的孩子会显得没有意义。大家应该都听过“约法三章”的故事：刘邦进入关中后，只颁布了三条法律：杀人偿命，伤人抵罪，盗窃判刑。他为此得到了老百姓的拥护。

这一规则是可行的。所谓可行，是指不按理想标准，甚至不按一般标准，而是以较低的要求去规范孩子的行为。

这个规则必须是始终如一的，即“零宽容、无例外。”既然是规则，就不能有例外，有了例外，规则就成了一则废话。这一规则的重点是：可以把圈子划得大一些，但绝对不容许孩子走出这个圈子。对于任何时候、任何情况下违反规则的行为，都不能给予任何宽容。

比如说，给孩子制订一个非常清楚的作息时间表。规定好他起床、就餐、玩耍、看电视和就寝的时间。告诉他要遵守时间，如果做不到，就要接受惩罚。

刚开始时，孩子可能会不适应，但时间久了，他就能习惯了。真正让孩子难受的不是规则本身，而是执行者的时紧时松。

第四种：科学的惩罚措施。

当孩子有冲动表现，甚至出现暴力行为时，要不要实施惩罚？当然需要。但惩罚不等于打骂，打骂只是一种低层次且看不到良好效果的惩罚方式。

一位美国心理学家说过：“孩子摔碎了一只盘子，你打了他两个耳光，那么，孩子对摔碎盘子的内疚感将荡然无存，因为他已经为自己的错误买单了。他摔碎了一只盘子，你打了他两个耳光，银货两讫，谁也不欠谁的。对于孩子的这种行为，科学的惩罚方式是：把孩子的不良行为与他所认为的不愉快情境联系起来，一旦他表现出良好行为，即刻恢复他所认为的愉快情境。”

举个例子：

小明酷爱踢足球，对他而言，最快乐的事就是参加校足球队的活动。但小明经常表现出明显的冲动行为——打架。

一天，小明又惹事了，打了自己的同学。他的班主任对他说："我早就跟你说过，如果你打架了，就取消你参加校足球队活动的资格。今天你又犯错误了，我正式通知你，这个月，你不能参加学校足球队的任何活动。如果你在接下来的日子里表现良好，我会在下个月恢复你参加校足球队活动的资格。"

在这一个月剩下的日子里，小明因为不能踢足球，感觉难受极了。但是他自己也明白，如果自己那天不打架，现在肯定可以在绿茵场上尽情驰骋。

一个月终于过去了，老师在班上表扬了小明，同时宣布他又可以参加学校足球队的活动了。听到这个消息，小明心里别说有多高兴了。

然后，老师又与他约定，如果下次再打架，那接下来的三个月都不能再参加学校足球队的活动。后来，当小明再有打架的冲动时，一想到这样就不能参加学校足球队的活动了，就克制住了自己……

这种惩罚方法不仅文明，而且罚到了点子上，让孩子的内心真正体验到了痛苦与纠结，由此而产生了改变行为的动力。

第五种：进行放松训练。

冲动孩子身体的各部位总是长时间处于紧张状态，如果能让他们的肌肉放松下来，冲动现象就会有所好转。

放松训练的方法有很多，对于孩子，我们可以把训练游戏化，以增加其趣味性。下面，我介绍一个小狗呼吸放松训练法，它既是一种身体的放松，也是一种心理上的放松，父母可以和孩子一起做。

父母中的一个人负责说指导语：

现在，我们来练习狗狗呼吸：

用膝盖和手掌撑地，想象自己是一只小狗。

小狗会通过闻气味去寻找食物。

假装自己是一只小狗，闻到了很好闻的东西。

把鼻子竖起来，找找那是什么味道。

快快地吸气3次，再从嘴里呼气。

低下头，向前一步，发现了新的好闻的东西。

竖起鼻子闻闻那是什么？

快快吸气3次，再从嘴里呼气。

低下头，向旁边挪一步，又发现了新的好闻的东西。

把鼻子竖起来，闻闻那是什么味道？

快快地吸气3次，再从嘴里呼气。

低下头，坐回来，坐在自己的脚跟上，用额头和手臂触地，

闭上眼睛，

像一只小狗一样休息。

现在，盘腿坐好，

深深吸气，慢慢地呼气，

觉察自己现在的感觉，

慢慢地睁开眼睛。

第六种：在音乐声中绘画。

让孩子在音乐声中绘画，有利于增强他的情绪自控能力。

游戏方式是这样的：

父母和孩子围坐在桌子旁，或者坐在地板上，在每个人面前放一张纸和一支笔。

在放音乐之前，主持人要先说指导语：

我们现在来玩音乐涂鸦游戏，所有人，听我指挥，坐好，后背挺直！

把笔放在你面前的白纸上，在听音乐的时候，可以在白纸上随便涂鸦。

如果觉得音乐快的话，就可以快快地画；如果觉得音乐慢的话，就

可以慢慢地画。

不用去看其他人是怎么画的，你自己想怎么画就怎么画。

播放音乐，让孩子跟着音乐的节奏画画。

音乐停止后，让孩子继续闭着眼睛，在无音乐的情况下继续画一分钟。

当孩子产生冲动行为时，最不合理的处理方式就是以暴制暴。因为暴力不可能平息暴力，它只会带来更大的暴力。况且孩子的冲动、暴力行为并不是他有意所为，他是没办法控制自己。

以上所提及的几种方法，引导者的态度是坚决的，行为也是文明的——文明可以带来更大的文明，如果你的文明中又有技术含量，效果自然更好。

第七种：利用和创设情境，让孩子学会等待。

等待是一种文明、一种修养、一种对社会规范的尊重。不能等待，是冲动孩子的主要行为特征之一。主要表现为对他人与规范的无视，想干什么就干什么，并且他所有的要求都必须立刻得到满足，否则就大哭大闹。因此，训练内容之一就是学会等待，接受等待。

可以利用一些生活中的情景进行“等待”训练。比如，和孩子外出旅游时，有很多场所都需要排队等待。在这些生活场景中，父母可以借机教育孩子：所有的人都得按照“先来后到”的规则等待。虽然我们都想早点进去，但规则不容许。在这个世界上，如果每个人都随心所欲，想做什么就做什么，那就乱套了。

也可以通过创设情景让孩子学会等待。当孩子对父母提出要求时，不一定要立即满足他。比如说，孩子要你跟他去超市买东西，你可以对他说，等我完成了手头的工作后再和你去。久而久之，孩子接受等待的心理承受力就能发展起来。

4.8　搞不定了？用这 3 种专业方法就对了

本书介绍的主要内容是不专注的孩子在家庭中的教育、训练方法。如果孩子是一般性的专注力不足，使用这些方法并经过一段时间的持续训练，就能够得到缓解。

如果情况比较严重，为注意力缺陷型多动障碍，就需要更专业的训练方案了。

有关注意力缺陷型多动障碍的矫治，目前主流的方法有3种：药物疗法、物理疗法和心理疗法。

药物疗法

药物疗法是目前最为普遍的一种疗法。如果你带孩子去医院，用得最多的肯定是药物疗法，常用的药物是“利他林”。

1937年，美国的一家医院给分心的孩子服用苯甲胺，这是一种兴奋剂，俗称“速度”。医生给病人服用此药通常是为了缓解头痛。医生注意到这些病人在服药后的行为改变，就猜想苯甲胺也可以改变分心孩子的行为。于是，他们尝试给分心的孩子服用苯甲胺。

奇迹发生了！分心的孩子在服用这种药物20分钟后变得安静了，

刚刚还是“动如脱兔”，没一会儿就变成“静若处子”了。

更让人们感到高兴的是，那些分心的孩子不但不抗拒这种药物，还非常喜欢这些药物。他们将药物称为“算数药丸”，因为服用了之后就可以专心学数学了。药物在20分钟内完成了人类几千年都无法改变的注意力缺失现象。

原来，不专注的孩子的脑电图表现为较多的慢波活动，觉醒程度较低。药物提高了大脑皮质觉醒水平，从而提高了孩子的注意力水平，减少了多动的状况。

药物疗法的好处是使用方便、见效快，特别是对于注意障碍或注意缺陷中常见的多动症，药物疗法能迅速起作用。

但药物也有缺点。一是效率一般只能达到70%，仍有30%左右是无效的；二是药物只能起到控制而非根治作用，好比任何一种高血压的药物都不是治疗高血压，而是控制你的血压；三是“是药三分毒”，药物存在一定的副作用，比如小孩长期服用药物后会产生食欲减退、失眠、腹痛、心动过速等副作用；四是长期服药物会让人进入病人角色，从心理学的角度看，病人角色也是一道魔障，一旦进入，想出来也不是件容易的事。

所以，除了很严重的情况，我们一般建议家长在使用药物前要特别慎重考虑，不能光图自己省心省事，能不用时最好别用。用了一段时间后，能停药尽量及早停药，至于什么时间停药合适，要遵医嘱。

物理疗法

物理疗法是一种纯物理、绿色的训练方法，没有任何副作用。它最早是为帮助美国宇航员缓解压力、增强大脑的记忆力、提高专注度的高科技产品，现在被广泛用于医院、科研机构、高级疗养院等场所，以有效提高大脑的专注力、记忆力、理解力，并开发大脑潜能，被称为“大脑健身房”。

这个训练方法在国外经过了大量的验证，目前已经在社区中普及开了，中国的一些大医院儿童保健科也在使用这一方法，主要用于解决儿童注意障碍或注意缺陷问题，安全性以及训练效果都无须质疑。

脑电生物反馈训练的基本原理是：每个孩子的神经元发育都不尽相同，优秀的孩子的神经元是丰富的、发达的，相对差一点儿的孩子的神经元是贫瘠的。神经元的基本功能是通过接受、整合、传导和输出信息实现信息的交换，它就像我们城市的道路一样，如果道路是四通八达的，那么我们从一个地方去另外一个地方的速度就会越快，效率就会越高。

一个成年人有1000亿个神经元，一个人聪明与否，并不取决于他的神经元的数目，而是取决于他的神经元所建立起来的思维模块数量及其连接网络的大小。思维模块越多、连接点越多，这个人就越聪明。所以，要增强孩子的脑力，就要增加思维模块与神经元之间的连接点数目，这就需要脑电生物反馈训练来实现。

一个成年人的大脑会有500万亿个这样的连接点，而一个人与另一个人之间在这方面的差距甚至可以达到25%！

所以，脑电生物反馈训练对儿童注意力缺失是一种根本性的治疗与训练手段。

当然，脑电生物反馈训练也有缺点，比如脑电生物反馈训练仪在我们国家还不是很普及；从事脑电生物反馈训练的人员需要有较高的素养与专业经验；脑电生物训练的周期较长，一般3个月后才能见效，需要一年的训练周期；而且，它的训练费用也较高。

不过，现在有一个好消息，已经有脑电生物反馈的家用穿戴设备了。也就是说，我们在家中就可以做脑电生物反馈训练了，训练方案与阶段性训练数据可以远程传输到相关机构，以便及时调整训练内容与方案。

这种方法很方便，效果也很不错，时间成本与费用也都不高。

心理疗法

心理学家通过心理训练的方法来矫治儿童、青少年专注力缺失现象，最常使用的方法是认知疗法和行为疗法。

心理疗法的好处是没有副作用，对矫治儿童、青少年注意障碍与分心现象也确有帮助。但如果孩子的注意障碍或注意缺陷是由生理因素造成的，那么心理疗法的作用就会大打折扣。

而且，接受心理咨询师的治疗是一笔不小的开支，很显然，它不是一个最优选择。

如果通过一段时间的家庭专注力训练，发现效果并不显著，孩子的问题还是比较严重，那就需要用专业矫治手段了。

我向大家推荐《中国中华神经精神学会修订量表》，可以用它来对孩子做一个评估。大家不要被这个量表的名字吓到，注意障碍属于精神医学学科，但绝对不是说你的孩子得了精神病。建议家长认真地、客观地根据孩子的行为表现评分。

1989年，我国中华神经精神学会通过的《精神疾病分类方案与诊断标准》(第二版)中，对ADHD(即注意障碍)确定了以下诊断标准。

起病于学龄前期，病程至少持续6个月，具备下列行为中的4项就可被诊断为ADHD儿童：

1. 需要其静坐的场合难以静坐，常常动个不停。
2. 容易兴奋和冲动。
3. 经常干扰其他儿童的活动。
4. 做事常有始无终。
5. 注意力难以保持集中。
6. 要求必须立即得到满足，否则就产生情绪反应。
7. 特别喜欢说话，别人说话的时候好插嘴。
8. 难以遵守集体活动的秩序和纪律。

9. 学习成绩差，但不是由智力障碍引起。

10. 动作笨拙，精巧动作较差。

排除由于精神发育迟滞、儿童期精神病、焦虑状态、品行障碍或神经系统疾病所引起的注意障碍，如果在你的评定中有4项以上的特征与孩子的情况相符，那就应该去做前面介绍的IVA-CPT测试。

如果测试结果表明确实存在比较严重的问题，那就要去求助专业的矫治机构。

选择哪一种专业矫治手段，有点难回答，因为每个孩子的情况不尽相同。从理论上说，没有哪一种手段是最好的，只有最合适的。

我个人认为，脑电生物反馈手段比较好，它是一个“大脑健身房”，没有任何毒副作用，虽然它的效果慢一些。但是，这种手段是不可逆的。

第五章

培养孩子这些小习惯，让专注成为一种本能

Chapter 05

在上一章，我们列举了不专注行为的种种典型表现，并给出了具体的家庭训练方法。

在开始这一章内容之前，首先要说明在训练中家长要注意的地方：

第一，家长要有个好心态。

望子成龙是绝大部分家长的心态，但往往会事与愿违。在爱的名义下，在浮躁心理的驱动下，家长让孩子变得越来越糟的事例可真是不少见。所以，家长一定要有个好心态。

说得具体一点儿，就是家长要保持中等强度的动机（见图5–1）。

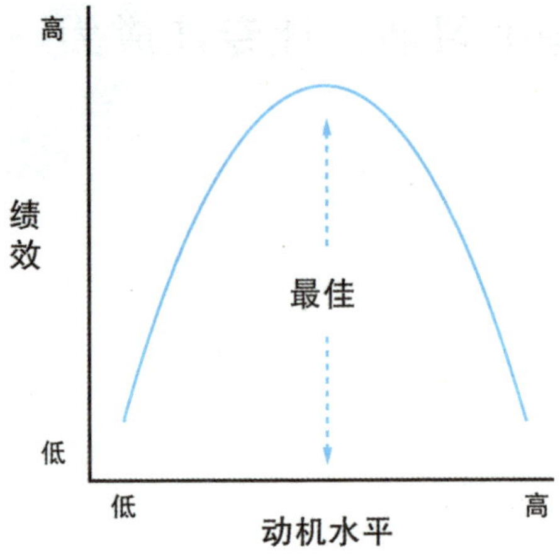

这是一条动机强度与解决问题绩效关系的曲线图。从图中我们可以看出，随着动机强度的提升，解决问题的绩效逐渐提高，直至到达一个最高点；到达最高点以后，动机强度继续增高，解决问题的绩效则随之下降。

由此，我们可以得出的结论是：动机强度并非越高越好。原因是过高的动机强度唤起了过多的神经能量，从而干扰了正常的认知加工，破坏了手眼协调，解决问题的绩效也会随之下降——这就是人们平时所说的，干什么事都要有一颗平常心。

我们不要指望光靠训练就能把孩子身上的所有缺点都抹平，这不现实。院子打扫得再认真，总还会有卫生死角。人的心理问题本就不可能彻底解决，因为这世界上没有十全十美的人。

就如一位美国心理学家所说的那样：如果这个世界上有一个人，他的心理测验的所有指标都正常，那这个人是另外一种类型的心理不健康。

我们不要期待训练方法能让孩子在瞬间就改变，因为训练孩子的专注力是一场马拉松，而不是百米赛跑；也别幻想孩子专注力的问题解决了就什么都好了，人生永远都会有遗憾，完美情结对家长来说是一种自虐，对孩子则是一场灾难。

第二，正确看待训练中的“高原现象”。

心理学家通过大量实验研究发现，在人的能力与技能训练中，存在一种“高原现象”，其表现为在训练初期，训练成绩随着训练时间的增加而上升；训练再延续下去，会进入一个新阶段，那就是训练成绩停滞不前，甚至还会小幅下降。再继续坚持下去，训练成绩又会出现新的跃升。

其中，训练成绩停滞不前的阶段，也被称为“高原期”（见图5-2）。

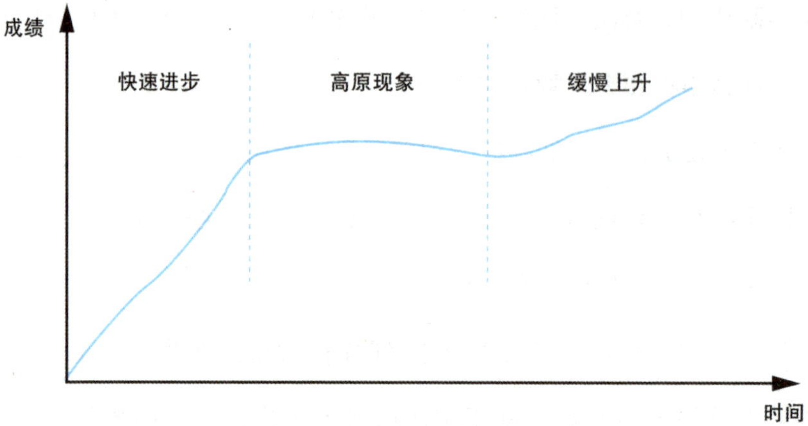

图 5-2　成绩训练折线图

训练的过程不可能是一帆风顺的，一定会有起伏。但只要持续训练下去，就会螺旋式上升。

人是生理和心理问题都比较复杂的生物，所以孩子的状态不可能直线上升。在目标实现过程中，会出现多形态的曲折，对此我们要有心理准备。

第三，家长要纵向比较而非横向比较自己的孩子。

父母总喜欢谈论“别人家的孩子”，然后拿别人家的孩子的优点和自己家孩子的缺点做比较。被比较的孩子难免会感到丧气。

父母一定要纠正这个错误认知，要采用纵向比较法而非横向比较法——用孩子的现在与过去比。

例如：孩子过去每晚做作业要花3个小时，别人家的孩子则只需一个半小时；经过训练之后，自家的孩子做作业只需要两个半小时了，比过去缩短了半个小时，这就是进步，就应该庆贺。

第四，训练的规则要严格，气氛要轻松。

下面，我们会介绍多种训练方法，每一种方法都有其规则。一定要尊重这些规则，专业人士制订这样的规则一定有他的道理，请不要随意破坏。

但严格遵守规则并不意味着板起脸来做人做事，气氛可以尽可能地轻松一些。切记，在调节人的生理、心理过程的任何一项活动中，气氛越轻松，效果往往越好。

第五，训练一定要规律化。

有一副对联是这样说的："贵有恒何必三更眠五更睡，最无益只怕一日曝十日寒"。能力的培养，是一个从外部行为逐渐内化为内在心理品质的过程，长期的、规律性的练习是必备条件。

5.1 设置“专注力警察”，发展内在自控力

一位语文老师收集了三年级某班一学期513张语文试卷，共计30780道题，其中错题3245道。错误分布如表5-1所示：

表 5-1 错误题型分布表

题型	错误类型						
看拼音写词语	拼音拼错 98	错别字 476	同音字混淆 142	形近字混淆 60			
选择正确读音	前后鼻音混淆 80	平翘舌音混淆 8	边音鼻音混淆 2	轻声音节出错 22	三拼音节与复韵母混淆 10	多音字辨析出错 26	选读音的符号用错 44
按要求完成句子	选择合适的词语填空时近义词辨析出错 105	比喻拟人不恰当 63	扩写句子出错 15	反问句与陈述句改写出错 9	用带点词造句不恰当 33	句子丢标点符号 35	
按课文内容填空	课文内容不会背默 207	相近的课文填写混淆 62	错别字 412	少字多字或表达不准确 110	概括性填空出错 87	理解性填空出错 129	
阅读理解	文中找答案不准确 277	理解性错误 331	概括性错误 219	审题出错或漏题 183			

根据专家的意见，我们将错题分为4个维度，即知识掌握、专注自

控、理解能力、生活经验。

纳入专注自控维度的错题包括拼音拼错、错别字、形近字混淆、选读音的符号用错、句子缺少标点符号、混淆相近的句子、填写多字或少字、阅读理解题中找答案不准确、审题出错、漏题等（见图5-3）。

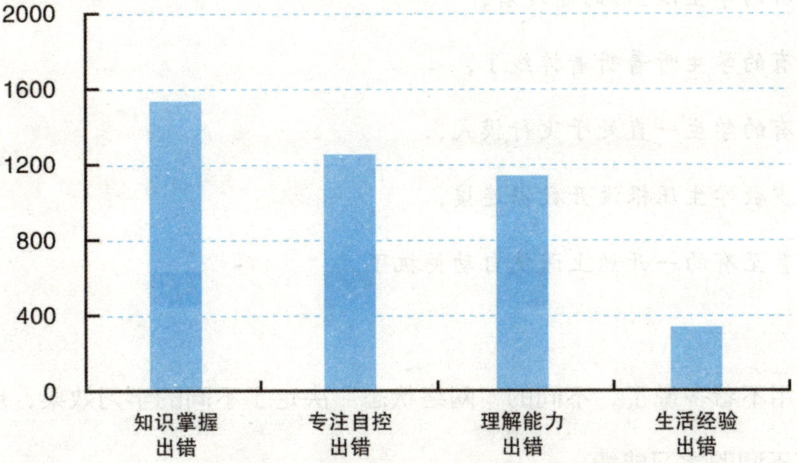

图5-3 错误题型分布柱状图

注：统计中各维度有部分交叉，故存在重复统计情况。

这项研究生动地揭示了专注力在学习活动中的重要作用。分心走神的孩子常处于一种神游状态，有时候，老师的一个命令，家长的一句呵斥，可能会把他们拉回现实世界，但没过多久，他们又故态复萌。

所以，我们要明白，他们对环境变化极其敏感，一声小小的响动，都能把他们的思绪带到十万八千里之外。

有人以网络状态类比，用一首打油诗描述了学生课堂上不同的专注状态：

老师以4G的速度讲，

“学神”以Wifi的速度听，

“学霸”以3G的速度记。

有的学生以2G的速度看，

有的学生听着听着掉线了，

有的学生一直处于飞行模式，

少数学生压根没开数据连接，

甚至有的一开始上课就自动关机了。

用不着多说了，不同的“网络状态”决定了不同的学习效果，也决定了不同的学习成绩。

如果你的孩子存在分心走神的情况，必须尽快矫正，否则，提升成绩只是一纸空谈。

下面，我就来教大家如何减少孩子的分心走神情况：

第一，要求孩子做作业时“五到”。

所谓“五到”，是指要求孩子做作业时做到“口到、心到、眼到、耳到、手到”。

这种方式调动了孩子多种感觉器官协同活动，有利于增强其记忆力、理解力和专注力。

其中，“心到”最为重要，因为一个人心里不可能同时想两件事。孩子最容易在意识处于空白状态时神游。如果孩子正在认真做作业，那么他头脑中只有作业，思维高速运转，就没有分心的机会，神游的概率就会小得多。

其实成人也是如此，一个单位里，工作越多，是非就越少；工作越少，是非就越多。

与此相关联的另一个做法是：在特定的时间内，把孩子的学习活动安排得越满越好，这样他们就没有分心走神的时间和可能性了。

第二，设置“专注力警察”。

警察是用来维持公共秩序的，我们也可以为孩子设置一个“警察”来维持其学习秩序——为孩子买几个“大头贴”，比如黑猫警长——贴在书本、作业本或者课桌上。然后和孩子约定，在上课、写作业的时间只要一看到黑猫警长，马上就集中注意力。

久而久之，孩子就会形成条件反射，分心走神现象就会慢慢减少。

我的工作室用类似的方法训练过这一类孩子。

言实是五年级的学生，由于上课注意力不集中，成绩一直不好。在我们这边进行训练的时候，他每天都要完成一个小作业——画一幅与自己上课有关的画。

他回忆说，自己以前上课的时候并没有听老师讲课，而是东张西望，还时不时摸摸同学的橡皮。于是，他画了一个上课捣乱的孩子。然后，我的工作人员建议他把自己想象成一个在监督自己认真听讲的“警察”。

过了一周，言实的画稍有改变——在捣乱的孩子旁边，多了一个正在监督他上课的警察。

又过了一周，言实的画变成了警察和他在同一个课桌上学习。

在后来的日子里，言实画的自己变得越来越安静了。老师们也跟我反映说，言实在这一个月里进步很大。

“注意力警察”的另一种变式是让孩子在手腕上套一根橡皮筋，并反复暗示：一旦发现自己有分心走神的现象，就猛拉橡皮筋。橡皮筋反弹到手臂上会让人有疼痛感，但这个疼痛感会提醒他集中注意力！

也许有人会问：“孩子愿意这么做吗？这不是自讨苦吃吗？”

会的！其实容易分心走神的孩子也很厌恶自己的表现，他们只是控制不了自己的行为而已。

第三，用环境的力量实施心理暗示。

要想改善孩子的分心走神状况，还需要借助环境的力量。人是环境动物，环境最能无声无息地熏陶人。

一位朋友曾经跟我说过这样一件事：在20世纪80年代，他们学校里有一位心理学老师，这位心理学老师的两个孩子都特别优秀。于是人们纷纷向他请教如何辅导孩子。

这位心理学老师的回答是：他们夫妻俩从来不辅导孩子的作业！但他们每天吃完晚饭，一家四口会围在一张八仙桌上各自看各自的书。在我看来，全家人一起读书，就是为孩子创造最好的环境，这种无形的力量能让孩子静下心来。久而久之，孩子的分心走神现象就会得到改善。

所以，我建议那些孩子存在分心走神现象的家长，在要求孩子学习的同时，也能捧起一本书。因为当你在孩子身旁刷手机的时候，正常的孩子都会心猿意马，更何况那些本来就有分心走神问题的孩子！请给自己的孩子做个好榜样。

第四，找字联诗句。

根据下图，指导孩子按照完整的诗句在表中逐个找字，并一一圈起。

此项工作需要孩子记住完整的诗句，同时聚精会神地在表中查找，对克服分心走神现象有很大帮助。以下是两个样例，家长可仿照样例自己动手制作训练题目。

难度：中等

找到以下诗句：

日期：

用时：

鹅，鹅，鹅，曲项向天歌。——《咏鹅》骆宾王

	巴	回	山	水	有	鹅	久	皆	上	歌	中	重	响	晓	见	想	
地		纸	觉	饭	九	山	慌	人	明	在	可	听	前	十	曲		此
夏	鹅		楼	谁	土	项	言	雨	四	鹅	波	千	门	上		滴	青
	闻	向	云		月	一	问	天	日	生	依	入		明	目	来	

难度：中等

找到以下诗句：

日期：

用时：

众鸟高飞尽，孤云独去闲。相看两不厌，只有

敬亭山。——《独坐敬亭山》李白

	返	一	身	心	笑	我	鸟	两	中	慈	敬	古	得	迟	飞	语	
密		空	木	众	呼	蓝	白	格	云	儿	钟	山	能	识	蓑		尽
台	万		笠	青	比	文	飞	人	不	深	可	相	长	但		端	信
南	孤	新	晖	闪	小		独	花	才	西		舟	手	写	子	书	亭
上	孔		闲	山	翻	孤		做	商		天	老	师	青		密	山
恐		钓	高	心	事	短	入	相		只	满	复	闻	游	去		复
	厌	声	菜	月	桃	里	线	女		三	径	独	汗	翁	行	响	

第五，训练聚精会神能力的两个游戏。

第一个游戏是玩扑克牌

取3张不同的牌（去掉花牌），随意排列于桌上，如从左到右依次是梅花2、黑桃3、方块5。选取一张要记住的牌，如梅花2，让孩子盯住这张牌，然后把3张牌倒扣在桌子上。家长可以随意更换3张牌的位置，要求孩子集中注意力观察，然后让他报出哪张牌是梅花2。

家长还可以和孩子转换角色，以增加游戏的趣味性与竞争性。在这个游戏中，孩子必须高度专注才有可能成为胜利者，瞎猜只有三分之一的获胜概率。

第二个游戏是听故事

孩子都喜欢听故事，我们可以利用这一特点进行专注力训练。我所说的“听故事”不是单纯地听，而是带着任务去听。这个任务背后隐含着对专注力的训练。

具体的方法是：我们在给孩子讲故事的时候，告诉他说到“一”就要举左手，说到“小”就要举起右手。

我们可以选择课文、故事，也可以在网上搜索专注力训练的文字材料。这个游戏特别适用于5~12周岁的孩子。

分心猛如虎，这个问题必须要解决，而且刻不容缓。对于矫治孩子的分心而言，前提是提供一个良好的环境，因为他们很容易受到环境的诱导。

选择一种他们特别感兴趣的训练活动是契机，从训练入手，他们在有了收获之后，便会增加信心。发展内心世界的自控力是终极目标，也就是说，要在孩子的内心深处塑造一名合格的“警察”。

5.2 写作业磨蹭？让孩子养成这几个小习惯

以下场景，可能家长朋友们都曾经历过的。

小明的爸爸妈妈看着才上小学一年级的孩子每天要写作业写到后半夜，很是纳闷，心想学校怎么会留那么多的作业呢？

后来才发现，原来小明做作业的时候，一会儿喝水，一会儿上厕所，一会儿看看这个，一儿摸摸那个，削支铅笔也是削削停停的，还经常会望着天花板发呆……2个小时过去了，也没看见小明做完几道题。

孩子做事磨蹭，作业拖拉，这些都是常见的现象。父母看到孩子有这些表现，肯定会特别着急。这完全能够理解，因为如果每天都要陪伴孩子做作业做到深更半夜，谁都受不了。

网上有这么一段话，流传很广：

亲爱的未来亲家，你好！我女儿有房，有保险，会游泳，年满18岁会配车，过年随便去哪家。可以不要彩礼，结婚嫁妆配好，送车送房，包办酒席，礼金全给孩子。唯一的要求是，能不能现在就接走，把作业都辅导一下，谁家的媳妇谁养。

解决孩子作业拖拉，做事磨蹭的毛病“功在当代，利在千秋”。就现阶段的学习活动而言，作业拖拉，做事磨蹭的行为模式必然导致学习效率的严重下降，成绩也会不断下滑，进而产生厌学情绪。

就未来而言，拖延的人也很难在这个竞争激烈的社会中找到好的生存机会与发展空间。这种行为习惯，越早改变越好。

这里推荐几种解决方法。

第一种方法，改变考核指标。

不再以时间作为考核标准，而以任务完成程度作为考核指标。具体来说，如果你的孩子是一名小学生，则规定每天晚上10点钟必须上床睡觉。

如果他8点就完成了作业，8点到10点就是他自由支配的时间。

9点完成作业，9点到10点就是他自由支配的时间。

10点完成作业的话，就没有自由支配时间了。

如果10点还完不成作业，也不能继续做了——就等着明天挨骂吧！

你可以对孩子说：“你不是想看电视吗？你不是想玩手机吗？都可以！每天都可以！至于玩得到还是玩不到，那就要看你自己了。”我们给很多家长提过这样的建议，他们实施后普遍反映孩子做作业快多了。

人总是以自己的利益作为行为的出发点，孩子也不例外。如果你的管理模式能让他看到利益，得到利益，他没有理由不去迅速完成作业。如果他既看不到利益，也得不到利益，他就没有理由，更没有动力去迅速完成作业。谨记，利益驱动是一条铁一般的法则。

这种做法还可以解开家庭教育中的一个死结。如今，几乎所有的家庭中，都存在着一个矛盾冲突，那就是孩子要玩手机、电脑，但家长不让玩。用我们的这个方法，问题就迎刃而解了。

玩得到，玩不到，你自己做主；能玩多长时间，也是你做主。在规定时间内，你作业做得越快，玩的时间就越多。你玩得到，玩得时间长，爸妈祝贺你！你玩不到，也怨不了别人，那是你拖拉的结果。

我身边就有一个类似的例子。有一回，一位北京的朋友给我打电话，说他遇到了一个难题，让我给出个主意。

事情是这样的，他女儿现在读高二，想在暑假期间到韩国看某个歌星的演唱会——她是那位韩国歌星的铁杆粉丝。朋友当然不同意了，于是便和他的女儿起了冲突。

我说：“可以答应她的要求，但是要有一个前提条件。这个条件就是，你在期末考试中考到前几名，就可以去，否则免谈。”他和女儿说了这个方案后，女儿欣然同意了。接下来，他看到自己的女儿开始奋发努力，在学习方面根本不用督促了。期末考试的目标实现了，他女儿去韩国看演唱会的心愿也实现了，这不是皆大欢喜的事吗？

这种做法也给孩子上了一场生动的人生哲理课：在这个世界上，你想得到任何东西都需要付出代价！

第二种方法是分段作业法。

分段作业法就是把作业总量分为几个板块，最简单的方法就是按学科分段。比如说，晚上的作业有数学、语文和英语。做完数学作业后，休息或玩耍10分钟；接下来，再做语文作业，做好后再休息10分钟；最后，做英语作业。这种做法的好处有以下两点：

第一，符合儿童注意时间规律，小学生连续注意的时间一般不会超过半小时，让他们休息一会儿，可确保他们在做作业时能做到全神贯注。

第二，如果每天晚上做作业的时间需要两三个小时，那么，无论在孩子的意识中，还是在他的潜意识中，都会把做作业看成一个遥远而漫长的过程。还没开始写呢，就先泄气了。

接下来，他们可能会想，既然遥远，不如拖沓。把总目标分解为几个小目标，小目标很快就能实现，实现后就能得到收益，精气神自然就不同了。

家长在利用分段作业法时，应逐步延长每一段的时间，这也是训练与提升专注力的一种方式。

第三种方法是代币奖励法。

这是心理学中的一种行为疗法。它的效果很好，操作起来也不困难。

如前所述，人的行为受到利益驱动，孩子也不例外。当孩子做出良好行为时，要给予奖励，这样，孩子今后再出现这种行为的概率就会增加。但这里有一个技术性问题：我们不可能在孩子每次出现良好行为时都给予让他们心动的奖励。

比如说，某个小男孩做作业时总是拖延，同时他又特别喜欢去现场看足球比赛——那是让他十分向往的一种奖励。不过，我们总不可能天天带他去看足球比赛。“代币法”可以很好地解决这个问题。

“代币法”就是每一次良好行为出现时，比如说，本来晚上做作业需要3个小时，今天只用两个半小时就完成了，那就奖励他一个五角星。当孩子得到10个五角星时，就可以得到他所期盼的奖励——去现场看一场足球比赛。

“代币法”有两个显而易见的好处：一是解决了不可能每次奖励都让孩子感兴趣的问题，二是起到了激励孩子重复出现良好行为的作用。

再来说那个喜欢到现场去看足球比赛的孩子，经过一段时间的努力，他已经攒够了5个五角星了，而只要积攒到10个五角星，他就能去看足球比赛，你说他这时会不会去努力呢？他肯定不想浪费掉手中的5个五角星。

这种正向的期盼，是一种强大的动力，无论是对完成当前作业任务，还是培养专注力，都有很大的好处。

第四种方法是玩“乌龟与兔子”的游戏。

我们用一个案例来说明“乌龟与兔子”游戏的玩法与功效。

13岁的小羽写作业很慢，考试的时候也经常不能按时做完题。马上就要上初二了，家长和老师都非常着急。可越是催她，她的速度就越慢。

小羽也很想提速，但由于长期的习惯，让她形成了缓慢的心理习惯。这种心理感受给了她一种安全感，突然让她从这种从容的心理感觉中走出来，她很不适应。

于是咨询师和小羽玩了一个“乌龟”变“兔子”的游戏。

首先，咨询师让小羽把自己身体里的“乌龟”放出来。小羽对此很感兴趣，也很开心，很快她就以乌龟的速度来进行肢体运动。咨询师和她一起在一个节奏上运动，小羽感觉到了她的速度得到了认同。

接下来，咨询师把她导入故事——就是尽人皆知的龟兔赛跑的故事。咨询师说，这个故事中有两个主人公，一个是乌龟，另一个是兔子。我们已经感受过乌龟的速度，何不再来体验一下兔子的速度呢？

于是，咨询师和小羽一起由乌龟的速度与节奏慢慢变成了兔子的速度与节奏，开始体验做兔子的感觉。

经过几个月的训练，小羽做作业的速度提高了，考试时也能在规定时间内完成了。

作业拖拉、做事磨蹭是一种基于内在生理、心理因素，受环境和教养方式的影响，长期形成的一种习惯。人们常说，养成一种良好的习惯至少需要21天，这是指在一张白纸的前提下。而改造一种不良习惯，可能需要数倍的时间。

所以，父母一定要有耐心。这事不可能一蹴而就，需要一个漫长的过程。再有就是要从点滴小事做起，要重视生活中的每一个细节。

有些家长心里会想，只要作业不拖拉就行了，其他的我都无所谓。这种想法是不正确的！做作业不能拖拉，和小朋友一起约了出去玩也得守时。后一件事你可能觉得不重要，但本质上与前一件事是一样的，你不能指望孩子在生活中很拖拉、不守时，而在做作业时却能聚精会神，迅速完成。

5.3　提升成绩的捷径：重新认识无关紧要的“小问题”

孩子考试时总犯低级错误，明明试卷上每道题都会，但最后得到的分数总是不如意。为此，父母都很揪心。

孩子和父母都是怎么解读这一现象的呢？

孩子说：“我是一时不小心。”

父母说：“你就是粗心大意。”

解决方案呢？

孩子说：“我下次注意。”

父母则是一顿责怪。

问题解决了吗？

没有！下次考试仍然如故。

重复出现的现象就不能称之为偶然事件了。既然不是偶然事件，必然有其原因和规律，挖出原因，找到规律，再采用科学的方法应对，问题才能得到解决。况且，对于学生来说，考试总犯低级错误是一个必须要解决的问题。

下面，我们通过一个鲜活的案例，来看一看考试总犯低级错误到底是什么原因造成的？又该如何解决呢？

桐桐今年读初一。每次考试，他的成绩都不理想，尤其是数学。这让他的父母很是失落。于是，父母给他请了一位名师，进行一对一辅导。没几天，这位名师就对他父母说："不用让你家孩子到我这里来补习了，他没什么不懂的，理解力也不错。他的问题是低级错误太多，这不是我能解决的。我怀疑他的问题出在专注力上，我给你介绍个老师训练训练他的专注力吧。"于是，这孩子就来到了我的工作室。

我们的工作人员让他把作业本和尽可能多的试卷带来，以便进行分析。

他的作业本很整洁，也看不到什么错误。但一看试卷"狐狸尾巴就露出来了"。桐桐的确没有不懂或不会的题目，但全对的题目却不多，这里扣一分，那里扣两分，卷面上到处见"红"，这样下来分就没了！

他犯的低级错误实在太多了，上一行的数字是6578，到下一行就成了5678；明明是加号，他却写成了减号。程序性错误也不少——跳步骤，不规范的现象比比皆是。

专注力测试结果表明，桐桐处于注意障碍与正常的灰色地带，典型表现是注意力涣散以及注意力集中困难。

我们通过询问孩子家长得知，桐桐妈妈每天都会全程陪他做作业，一有错误就会立即纠正他。这一下子解开了我们的疑惑。前面说到，桐桐的试卷上低级错误太多，但作业本上却是清清爽爽，什么错误也没有。这是怎么回事呢？难道他只有在考试时才会出低级错误，平时却十分严谨？这当然是不可能的。

出现这种有违常理现象的原因是，桐桐做作业时，妈妈全程陪伴，一发现错误就立即纠正，所以作业本上的题目基本没有问题，可到了考试时全露馅了。

这并不是个例，我再说一个案例。

正上小学三年级的悦悦的作业本很漂亮，完全正确，没半点错误，老师总是要打好几颗五角星。可只有她妈妈知道，那是“虚假繁荣”，而不是真实情况。真实的情况是：她的作业错得很多，而且都是一些简单错误、低级错误。

每天，她做完作业后，妈妈都会帮她一条一条的检查，然后悦悦再改。有时，她会把错误的地方改正确，又把正确的地方擦掉改成错误答案。妈妈经常需要做二次检查。最后拿出来的作业是好看了，可是一到考试，悦悦的妈妈就非常担心。她的担心可不是多余的——每次考试时，悦悦总会因为低级错误扣去好多分。

悦悦和桐桐犯的是同一类错误。情况清楚之后，解决方案也就出来了。

一是用大数据教育孩子。

我们对桐桐的23张数学试卷中的低级错误进行统计分类后，画出了曲线图。结果显示，在23张试卷中，有110个低级错误，一共被扣了220分，平均每张试卷因为低级错误丢了近10分。

桐桐自己看了也感到震惊、惋惜。

这里要强调一下，对于这类错误，如果不把它集中并进行统计，而只是看单张试卷上的低级错误，孩子肯定不会上心，他只会觉得这是一时粗心大意，算不上什么错。但把大数据列出来后，他就无话可说了，肯定会心疼，而心疼是纠正低级错误最必要的第一步。

还有一种低级错误常被孩子以及家长忽视，那就是程序性错误。

什么是程序性错误呢？题目的答案是对的，但过程被扣了分，原因是你没有按照规范的程序去解题。

举个例子：

$2X=6$

$X=3$

这种解法对不对呢？

你可能会说："没错呀。"

我曾经请教一位师范学院的数学教学法老师，问他这样解题正不正确。他反问了我一句："这道题是小学生做的还是中学生做的？"

我说："是小学生做的。"

他说："小学生做的算错。因为在小学数学的要求中，所有的步骤都需要展开。这里差了一步，X=6÷2。”这就是程序性错误。

顺便说一句，越是在正式考试、重大考试中，对程序的要求就越严格。在纠正低级错误的时候，不要忘记这一种错误形态。

二是通过统计分析找到低级错误的规律。

学生普遍认为低级错误是一时不小心，可能家长和老师也是这么想的。其实，低级错误也有规律。像桐桐这个孩子，他的低级错误主要集中在两点上，一是数学题换行时，容易抄错数字；另一个就是解题程序不规范，题目的答案是对的，但过程被扣了分。当孩子看到曲线图上两个高高的峰值时，他无语了，也不争辩说是自己不小心了。

我们的工作人员在一旁淡淡地说了一句：“你在同一个地方摔了20个跟头，你觉得合适吗？感觉如何？”可以想见，今后无论在作业中，还是在考试中，再遇到类似情况，他必然会给自己提个醒。这是人们的正常心态。

三是家长别好心办坏事。

桐桐考试总犯低级错误的外部原因，是他妈妈的过分“勤劳”。

有句话，不知做妈妈的爱听不爱听。全程陪同指导孩子做作业，表层动机是帮助孩子学习，深层动机是为了自我心理安慰：哦！我尽力了！我问心无愧了！

你是尽力了，也问心无愧了，但好心总容易办坏事。想必大家都听说过一个成语——越组代庖。

这种行为合适吗？当然不合适。你替代了孩子的责任，孩子就不负责任；你替代了孩子的行为，孩子相应的能力就发展不起来。这就是妈妈们“瞎勤劳”的恶果。

也许，有些妈妈会不服气。我再举一个例子，如果你开车时旁边坐着一个人，他说：“你只管踩油门往前开，刹车由我负责，你放心好了。”有一天，这人没坐在你旁边，你一个人开车，出事故的概率会不会大一些呢？

作业是给孩子做的，不是给你做的。作业是他的事，不是你的事。这个边界一定要清楚。

四是用正确方法帮孩子检查作业。

有人说：“我不检查作业，那孩子做错了怎么办？另外老师要求家长检查作业，要不然孩子会挨批。”我来告诉你正确检查作业的可行办法。

首先，做错题不全是坏事，起码它能直接呈现孩子身上存在的问题。就像我们阑尾发炎了，但如果一点儿都不疼的话，又怎么医治呢？

凡是孩子做错的题目，我建议你立即拍照，并建一个文档。在考试前，拿出来看一看，一定能帮孩子加分。

其次，如果老师一定要求家长检查孩子的作业，并要求都对，那我们只能听老师的。但我们可以这么做：做作业时不陪，也不指出错误。做完后，我们检查他的作业，但绝不告诉他哪道题错，哪里错了。只是告诉他：“你做的题目有错，自己检查去。”

如果开始时孩子不适应，那最多只能告诉他错了几道题。这种训练坚持几个月，必有效果。

有一回，我去表妹家做客。表妹忙着做饭，就让我帮她检查一下孩子的作业。我欣然应允。

我一眼看下去就发现了几个错误。

我把作业本还给孩子，告诉他："有错的！"

孩子问："哪里错了？"

我说："我只能告诉你有错，你自己找错题。"

孩子急了，连声说："姨真坏！姨真坏！"还到他妈妈那里投诉我，说："姨不告诉我哪里错了，让我怎么改？"

最后的妥协方案是，我告诉他错了3道题，但还是没告诉他具体是哪3道题。

孩子气呼呼地走开，到房间里找错题去了。

表妹问我："为什么不告诉他哪儿错了？"

我说："只有自己找出来的错误才会印象深刻！况且，每个人都应该为自己的过失埋单，而不应该由别人付账。"

五是训练孩子的自控与专注能力。

把孩子考试总犯低级错误的原因全赖到父母头上也不对，出现这种情况，与他们自身的能力和心理品质有关。所以，也要训练孩子的自控及专注能力。

在心理学家看来，一个理性的人，他的心理世界中必然有两个“我”。一个是正在行动中的“我”；另一个是作为观察者的“我”。两个“我”同时存在，才能保证行为不偏离方向，不违反社会规范与个人价值观。

我们都见过喝酒醉了的人，他们的行为毫无章法，人们和他无理可讲。可到了第二天醒来后，他们与正常人别无二致。

为什么会出现这种情况呢？这是因为过量的酒精使他们丧失了意识，他们只有正在行动中的“我”，却没了作为观察者的“我”。他们对自己说了什么，做了什么，全然不知，荒唐也就在所难免了。由此看来，失去作为观察者的“我”是一件可怕的事情。

孩子考试总犯低级错误，从内在原因看，是在学习时缺乏一个作为观察者的“我”，是学习者应必备的检查与监控能力的缺失。做家长的应该引导孩子形成这样的学习习惯：每一个步骤完成后，对该步骤进行检查，它正确吗？有问题吗？确认无误后再进行下一步。

另外，要时不时地监控自身的学习状态，尤其是专注状态。每个人都有过这样的体验：做作业的时候走神了，不知道想到哪去了，但意识会突然恢复警觉：“我想到哪去了？”“怎么能这样呢？”思绪又返回正题，注意再度回到应当专注的事情上，这就是监控的功能。

前面案例中我们说到的桐桐就存在这种情况。他对我们的工作人员说：“我也对自己老犯低级错误感到沮丧，但又不知道该怎么办。我从来没有检查的习惯，也没有监控过自己。我做作业的时候就这么按顺序答题，答完就完事了。”

在后来的训练中，我们着重培养他检查与监控的能力与习惯，甚至为他做了一个“查”字的有机玻璃牌，就像设在路旁的标识牌一样。当他要做作业时，就把玻璃牌放在他的书桌上。几个月的训练，习惯成了自然。再加上家长的配合，桐桐的低级错误大幅减少，成绩自然就上去了。

低级错误，与学习规范有关，更与专注力不足有关。下面推荐两款有助于提高专注力，减少低级错误的训练方法。

圈数字训练法

圈数字训练，是指从一组数字中用圆圈圈起某一指定数字，通过由浅入深的多次练习，以提高注意能力。

圈数字训练法可分为4种类型：

第一种：训练圈“3”字（或其他任意指定的数字），目的是锻炼注意的指向性和集中性。

第二种：训练圈“3”字前面的一个数字，这是对注意转移能力的一种训练。

第三种：训练圈“3”字前一位“7”字（或其他指定数字），这种训练有助于发展注意的选择性。

第四种：训练圈“3”和“7”中间的偶数（或奇数），目的在于提高注意的分配能力和扩大注意的广度。

下面是用来进行练习的部分随机数据数字表(表中数字的多少和顺序可根据学生的实际情况自行确定):

5 4 3 7 9 1 2 5 7 6 5 0 8 1 3 4

7 6 4 5 1 2 6 8 3 4 0 8 7 3 5 2

0 9 8 7 4 9 0 1 8 5 2 4 1 7 8 0

1 5 4 6 3 4 9 1 2 2 5 4 1 8 6 4

5 5 2 1 8 0 7 3 2 5 8 6 0 6 7 5

9 2 5 4 3 4 7 3 2 5 8 6 0 6 7 5

8 4 6 1 5 7 6 8 1 6 2 4 7 2 5 0

4 2 5 6 8 9 8 4 9 8 7 1 4 9 3 6

1 5 2 6 8 5 7 1 9 8 4 9 2 7 4 7

5 5 9 3 7 0 4 1 2 8 7 5 9 6 3 4

训练中应注意，每一种训练都要在3分钟内完成，每次连续练习的时间为20分钟（小学生）~25分钟（中学生）。每天练习1到2次，30~60次为一个训练周期。训练的难度要依次提高。

如有必要，某种训练类型可单独反复进行，这样可以增强训练的针对性。

圈数字训练的评分方法是：计算圈对、圈错和漏圈的三种数据。全部圈对的数字总和称为粗分，圈错的加上二分之一漏圈的称为失误。粗分减去失误称为净分。用公式表示即为：

$$净分=粗分-（圈错数+\frac{1}{2}漏圈数）$$

$$失误率=\frac{圈错数+\frac{1}{2}漏圈数}{圈对数}\times 100$$

圈数字训练的目的旨在提高学生的注意力，因此，在有计划的训练当中，可通过对同一类型训练，多次成绩比较，得出最终训练效果。

一般来说，经过一个周期的训练，孩子的净分会得到明显提高，失误率会逐渐下降，这表明孩子的专注力已经得到了提高。

抄写训练

按要求抄写数字或英文字母（字母有大小写之分），家长向孩子说明要求，并指出越快越好。然后，家长开始计时，全部完成后，家长计算正确率，并与孩子交流沟通，共同分析出错规律。

难度：简单

日期：
用时：
正确率：

请抄写下列数字：

78925	903600	1133053	05488204
66521	960940	5309218	05118548

3 8 4 1 4　　3 3 0 5 7 2　　6 1 1 7 3 8 1　　0 7 4 4 6 2 3 7

6 9 5 1 9　　7 0 3 6 5 7　　1 9 3 2 6 3 2　　9 9 6 2 7 4 9 5

4 1 5 1 1　　5 9 5 9 1 9　　1 1 7 9 3 1 0　　6 7 3 5 1 8 8 5

难度：中等

日期：

用时：

正确率：

请抄写下列字母：

W d X H u　　n b E n u M　　U Y m n g B p　　m l p O I n j h

A D m N p　　T t P q b N　　U I j n M H a　　A t h d n W G S

K e w f N　　T K k L Q p　　M a w e Q D m　　y u h n d l N b

eQDms　Qpyuhn　MNeFpup　bfBnmetz

难度：困难

日期：
用时：
正确率：

请抄写下列字母与数字的组合：

HM2Q5　f3i1Fw　n4G9DnO　S2b67oPQ

fC5tu　w7s8Te　f3BeT9G　D1bEv4d5

R6t8f　Cj7SwsK　T2rt1gF　Wa4PfBt7

Y3t8d　SQ23wFK　T6Rt98T　QK4E3ZU7

消除低级错误，是提升成绩最快捷的方式，也是提高学习动力最好的契机，许多孩子成绩上升的第一步就是从这里开始的。

对于这件事，家长如果自己有能力就自己做，如果没有这方面的能力可以找一个大学生家教帮忙做。

5.4 让孩子不再丢三落四的乒乓球游戏法

一位母亲对我说："我儿子今年上初一，最让我头疼的是他丢三落四的毛病，经常弄丢杯子、钥匙、手套等小东西。上小学的时候，他的红领巾更是丢了一条又一条。我一气之下，给他买了一打。"

"在家里，他用完东西后不知道放回原处，屋里一片狼藉。最重要的是，不能同时交代他办两件以上的事情，因为他只会办一件，其他的根本想不起来。我不知道说过他多少次，也制订过一些制度来约束他，可效果并不明显。您说，怎样让他改掉这些坏习惯呢？"

丢三落四，人们常以为是记忆力差，容易忘事。其实，问题不在记忆力上，是由于自身注意力容易涣散，**再加上缺乏良好的环境熏陶和适当的教育而形成的一种不良生活习惯。**

有一个孩子正在我的工作室接受训练，我和他妈妈因此成了闺密。有一回，他妈妈约我到她家中吃饭。一到她家，我便明白她的孩子为什么存在专注力问题了。

她家的经济条件很好，装修风格高档大气，可就是太乱了——处处可见没用的东西。她老公问自己的领带在哪里，闺密翻箱倒柜也没找着；出门时，他又找不到车钥匙了，于是全家总动员，花了一刻钟时间才在卫生间找到车钥匙。孩子处在这样的家庭环境中，如果先天条件不好，不出现注意问题才怪呢。

整洁的家庭环境给孩子以秩序感，凌乱的家庭环境给孩子以混乱感。在混乱的环境中，最容易出现丢三落四的行为和凌乱的生活习惯。这种行为与习惯还会迁移到学习活动中。他们不仅生活杂乱无章，学习时也会丢三落四，比如做作业时跳行、漏字、丢步骤等。

所以，要想改变孩子丢三落四的行为，请先给孩子提供一个整洁有序的家庭环境。有样学样，模仿学习是孩子最主要的学习形式，环境熏陶的力量胜过千言万语。

请明确家庭的空间关系，让孩子在空间中感到这个地方是有秩序的。在很多家庭中，衣服裤子胡乱摆放，报纸和餐具随便乱堆，孩子在潜意识中已经感觉到了空间的杂乱，这种空间的杂乱容易引起孩子心理紊乱，从而导致行为的紊乱。

孩子丢三落四的另一个原因是父母过多的包办。

在心理学中，有一个“100% 理论”——如果父母把所有事情都做了，孩子就不用做了；如果父母有 20% 的事不做，孩子就能完成 20%；如果父母有 80% 的事不做，孩子就能完成 80%，孩子的潜能也就被开发出来了。所有的事情都有人惦记着，孩子什么也不用操心，不丢三落四才怪呢！

常听给人介绍对象的人这么说，她妈妈十分能干，女儿也一定很能干。这话正好说反了，妈妈干家务活是一把好手，女儿通常不会做家务；如果妈妈不怎么干家务活，没准儿女儿做家务倒是一把好手。

其中蕴含的基本原理是：父母对孩子某种行为的替代，实际上扼杀了孩子某种能力的发展。如果压根就没机会实践，怎么可能得到发展呢？

天底下的父母都爱孩子，但爱孩子并不意味着大包大揽，而是要树立孩子的责任意识。让他们从小就明白——一个没有责任意识的人，是对自己、对家庭、对社会不负责任的人。

怎样才能树立孩子的责任意识呢？基本原则是：需要孩子做的事让孩子自己做；孩子自己能做的事让孩子自己做；该孩子负责任的事就让他们自己负责任。

我们要让孩子从生活中的点滴小事做起。比如：孩子玩完玩具后，玩具会丢得满地都是。这时候，父母应该让孩子自己收拾，让孩子对自己唯一的财产——玩具负起责任。

外出旅行，也要给孩子准备一个小小的行李箱，让他把自己的东西放在里面，并在路上对自己的行李箱负责任。

孩子出门走到半路，突然想起将什么东西忘在家里了。这时候，家长不要替他去取，而是让孩子自己回去取——即使最后会迟到，也要让孩子记住这个教训。

孩子丢掉一件东西后不应该立即给他买一件新的，而是要求孩子帮家里干家务活，挣取零花钱，积攒起来后自己去买这件东西。让他们体验东西的来之不易，他们下次就会变得小心。

美国教育学家克里斯蒂娜女士在其著作中曾严肃指出："孩子的丢三落四往往是因为他们总能得到特殊的照顾，从而不把丢东西当回事。"

前面说到，丢三落四的孩子从主观上讲是他们的注意力容易涣散。接下来，介绍一款小游戏，它有利于孩子注意力的集中。

这款游戏叫乒乓球游戏，很简单，也很有趣。

很多优秀的乒乓球员都有惊人的专注力，他们都会使用一种简单、高效的训练注意力的方法，这十分有利于提高孩子的注意力。

把乒乓球拍平放在胸前，保持平衡不倾斜。然后把乒乓球轻轻放在球拍的中间，球放稳后拿开手，目光一直专注于乒乓球上，从乒乓球放稳之后开始计时，直到乒乓球从球拍上掉落。

要想保持乒乓球不掉下来，最需要的就是高度专注。这种游戏也可以父子、母子一起玩，看谁的乒乓球会先掉下来——竞赛会增加活动的趣味性。

5.5 几个小方法，轻松培养孩子的时间感

时间是人类最宝贵的资源之一，古人就说过："一寸光阴一寸金。"要珍惜时间，首先要有时间概念，然后才能合理地分配时间、利用时间、遵守时间。

然而，对于不专注的孩子而言，他们的眼睛里看不到墙上的那只钟，心里更没有时间的概念。

他们常常沉浸在另一个世界之中，不能判定哪一件事、哪一项活动是最重要的，是需要贯注全部注意力去完成的。他们完全受环境所左右，自己也不知道自己在干什么？于是，该做的事没做，不该做的事做了许多。

总之，他们的行为飘忽不定，总是处于随机状态中。所以，我们十分有必要训练他们的时间概念。

第一种方法是利用沙漏训练时间概念。

针对孩子最好的训练方式是把时间概念形象化。我们可以利用一个工具——沙漏。

在饭店吃饭时，当你点完单后，服务员一般会在你的桌上放一个沙

漏，这是告诉你：如果沙子漏完了，菜还没上全，这顿饭就会免单。你可以借机向孩子解释守时的重要性。

然后，买一个沙漏，和孩子一起玩“沙漏”游戏。

让我们一起看沙漏。

全家人围坐在地板上，把沙漏放在中间，一起观看。

刚开始的时候，先观察5分钟时间，随着练习时间的不断推移，可以逐步延长到10分钟、20分钟。做游戏时，由一名家长担任主持。

现在，我们来练习注视沙漏：

这个沙漏里流淌的是时间。

盘腿坐好，把手放在膝盖上，

全身保持不动。

看看我们中间的这个东西，

它是什么颜色的？

它是什么形状的？

它是大还是小？

从不同的角度可能会看到不一样的形状。

你观察到的关于它的所有的样子都是正确的。

当你观察它的时候，放松你的双眼，

如果你的眼睛开始看别的地方了，请把视线转回来。

试着保持身体不动，注视5~10秒钟。

现在，闭上眼睛，让眼睛休息一下，

觉察你现在的感觉，

慢慢地睁开眼睛。

继续观看沙漏，观看细沙流淌的时间。

一家人一起看时间的流逝，这时，时间被形象化了、具体化了，孩子的时间概念就在潜移默化中形成了。

接下来，在孩子做作业时，你可以在他面前放一个“沙漏”，自己规定并调节“沙漏”的时间。告诉孩子，如果不能在沙子漏完前完成作业，将会受到处罚，就像饭店到点了没上菜要给顾客免单一样。

第二种方法是和孩子一起做时间规划。

时间规划，就是对不同时段的时间做特定的安排，然后遵从这一安排去具体执行，最形象化的展示方式就是时间表。对于给孩子做时间表这件事，许多家长都曾做过，但效果却不尽相同，这是因为理念和技术上存在差异。这里，我们来具体学习一下做时间规划的技术细节。

时间规划必须是你和孩子共同制订的。孩子是主角，你是配角；孩子是主导者，你是帮助者、咨询师。全盘由你制订，那是你做指示，与孩子不相干，他也不会自觉自愿地执行。

在时间规划时，项目要有主次之分。学习活动是最主要的活动，游戏玩耍是次要活动。主要活动的时间神圣不可侵犯，它可以占用次要活动的时间，但次要活动的时间不能占用主要活动的时间。

在时间规划中，一定要安排自由活动的时间。如果没有自由活动的时间，他们的思绪会在空中随风飘荡，看起来好像在学习上花费了很多时间，效率却极差。自由活动的时间是一种诱因、一种奖赏。

如果主要的学习活动被拖延，自由活动的时间就会被压缩；如果可以缩短主要的学习活动时间，自由活动的时间就会延长。

顺便说一句，在自由活动时间里，只要行为不出格，有些事情可以睁一只眼闭一只眼，毕竟，没有一个人的行为是完全符合规范的。

让孩子做时间规划，范围不仅局限于学习活动，也包括生活中的方方面面。毕竟，学习不是生活的全部，而培养人、塑造人却要从各方面面、点点滴滴做起。

比如说，全家开车外出旅行，可以让孩子做出行规划，让他们上网查路线，计划时间。这显得你很尊重、看重孩子，他们会很乐意去做。这也是培养孩子时间概念的一部分。

时间规划可以先从小计划开始。可以先让孩子做一天的规划，做一件事的规划，这样孩子也更容易适应。

规划制订后，一定要坚决执行。如果规划有不合理之处，可以修改，但在修改前，还是要严格地按原计划进行。

在训练缺乏时间概念的孩子时，家长可以做一个时间记录表。在表中，记录下孩子每天各项活动所占用的时间。一个星期统计一次数据。然后呈现在孩子面前，对他说："你第一周在学习上花了多少时间，自由玩耍了多少时间。第二周的时候，由于你意识到时间的重要性，也通过一些训练手段增强了时间概念，于是，你在学习上花费的时间变少了，自由玩耍的时间变多了。"

数据具有强大的说服力，看到这些具体的数字，孩子会明白的，自然也不会再故意拖延了。

第三种方法是让孩子主动管理时间。

缺乏时间观念的孩子有一个共同的特征，那就是他们的时间都是由别人来管理的。

关于什么时间干什么，轮不到他们自己做主，他们也不会去做主。

如此下去，他们的时间概念会越来越差。所以，要让孩子学会主动管理时间。

这里有一个问题，他们本来就缺乏时间概念，又怎么可能会主动管理时间呢？

来看一个案例：

有一个女孩，学习成绩不错，但她有一个坏习惯——做事特别拖拉，每天都要踏着铃声进校园，做作业一直会做到晚上11点。妈妈为此尝试了多种方法来矫正，比如催促、打骂、制订各种制度，但是收效甚微。

后来，她从一位虎妈身上学到了一招。

早晨，她不再频繁地催促与提醒自己的孩子，只在快到出门的时间时才提醒一次。

晚上回到家，要求孩子必须在规定时间内完成家庭作业。如果完不成，就收起她的作业本，不准她再做。

最开始时，女孩当然非常痛苦。

孩子连续一周迟到了，班主任给家长发信息，要求家长注意孩子的上学时间。

孩子好几次数学作业没有完成，数学老师让她把作业补齐后才放她回家。而且还给家长打电话，让家长督促孩子做作业。

但一周以后，情况发生了变化，孩子虽然有时出门前来不及梳头，但迟到的次数明显减少了。放学以后，用不着爸妈催促，她就主动去做作业了。有时候甚至会在学校里利用空余时间，先完成一部分家庭作业。

案例中的这位妈妈运用了让孩子承担行为后果（痛苦）的方法，让孩子学会主动管理时间，增强时间概念。反观许多家庭，对于孩子作业拖拉、做事磨蹭的行为，只是无休止地催促。但结果往往是越催越慢，再催索性熄火。

为什么越催越慢，再催熄火？这里面隐含着一种重要的责任关系：家长反复催促，家长就变成了老板，这一行为就成了老板催伙计干活。伙计总想偷懒，这是人类的天性使然。而让孩子承担行为后果，就转换了他们的角色，让他们自己当上了“老板”。

家长朋友们请切记：一定要划清边界，把事情分成你的事与我的事。我的事我负责，你的事你负责，不仅是学习活动，所有的一切活动都应该如此。

附录 1

孩子专注力自查手册

如果我问你，你的孩子做事情够专注吗？你可能一下子回答不出来，更可能反问我什么样的表现算专注，什么样的表现算不专注呢？

本章内容将重点介绍不专注的孩子的特点——分心、多动、冲动、缺乏时间概念，让你对不专注的孩子的表现有直观的了解。而且还介绍了几个在家里就能做的小测验，让你轻松测评孩子的专注水平。

分心孩子的4个特点

分心孩子的第一个特点是注意时间短。

正如序言中所说的，容易分心的孩子注意力时间短，一节课只能专心听讲10分钟，这样一来，他们能接收的信息量自然很少，成绩当然不会好。

那我们该如何判定自己孩子的注意时间是否处于正常状态呢？下面表格中的数据就是不同年龄阶段孩子该有的正常专注时间，家长可以对照这张表判断自己孩子的情况（见附录表1-1）。

附录表1-1 儿童注意力集中时间

年龄	专注时长
5~6岁	注意力集中时间约为10~15分钟
7~10岁	注意力集中时间约为15~20分钟
10~12岁	注意力集中时间约为25分钟左右
12岁以上	注意力集中时间超过30分钟

说明一下，以上所说的注意力集中时间是指孩子的主动注意时间，即从事学习活动，或其他“费神、费劲”活动的时间。有的家长说：“我孩子的专注力也不算差，他看电视、玩游戏时一两个小时都能聚精

会神。”但我要指出的是，那是被动注意，无须费神、费劲，不能作为专注时间的指标。

分心孩子的第二个特点是频繁地、不自觉地走神。

他们的注意力会被任何事物左右。恰如小学课本中的《小猫钓鱼》中所说的那样，一只蜻蜓飞来了，它就去捉蜻蜓；一只蝴蝶飞来了，它又去抓蝴蝶，正事钓鱼却被搁在了一边。

分心的孩子做事常常有始无终，不能完成家长和老师分配的任务。他们会在一次次的谈话中迷失方向，所答非所问。他们对声音特别敏感，即使很小的声响都能带走他们的思绪，让他们产生奇妙的联想。

上课时，会鹏只要听到教室内有一点儿响动，他的眼睛就会立即循声而去；只要窗户外面有人走过，他就会马上转头张望。因为经常看向窗外，老师把他换到了不靠窗户的位置，于是他的目光又开始“锁定”在前排的同学身上，老师无奈，只好把他调到第一排，自己单独一个座位……

另一个分心的孩子说：“我在上课的时候，听见其他同学写字的声音就会分心，我会想象着那些写字的声音是外星人到地球的脚步声，然后我就会编出一个故事来，老师在讲什么我基本上就听不见了。”

分心孩子的第三个特点是丢三落四。

分心的孩子会经常忘事或丢东西，做事没规划，总是想一出是一出，在细节上常常出错。有一个名叫小晴的小学生有丢三落四的毛病，她经常把书本、铅笔、文具盒等学习用品落在家里或学校里。老师经常因为小晴把作业忘在家里了，而打电话叫她的家长把作业送来。

实际上，小晴的忘事与记忆力无关，她的记忆力很好，在还没上小学时，她就能背诵好几十首古诗词了。丢三落四，是因为她的心思根本就不在这些事情上面。

分心孩子的第四个特点是常常处于神游状态。

有些分心的孩子很安静，上课也不调皮捣乱，但总给人一种神游的感觉。老师要求他们回答问题时，他们根本不知所云；做作业的时候，他们总会问："我们要做什么来着？"

也许，他们在记事本上记下了一些学习内容，但是写的记号总是不全面而且没有任何意义。这类孩子最大的特点是：把注意力同时放在了很多事物上，比如铅笔的沙沙声、空调的嗡嗡声、钟表的滴嗒声……

以上列举了分心的种种表现。要说分心的孩子不能集中注意力也不完全准确，在一些特殊的场合或时间，他们可能比普通人更能集中注意力、更专注。他们在两种情况下会处于高度专注状态：一种是使用电子产品时（看电视、玩游戏），另一种是在做自己特别感兴趣的事情时。

我们常常看到那些为了工作而废寝忘食的人，总是赞叹这个人怎么能如此专注地投入工作呢？也许这个人仅仅在这一方面表现出惊人的专注，在其他方面会存在严重的分心。也就是说，分心的人并不是在任何时候都无法集中注意力，他们只是不能自主决定专注的时间和场合。

下面的这个心理测验，不仅可以直观地判断出孩子的专注状态，还可以通过训练逐渐改善孩子的这些情况。建议您在家试一试。

舒尔特方格

舒尔特方格是在一张方形卡片上画上1cm×1cm的25个方格，并在格子内任意填写上1~25的阿拉伯数字。测试时，要求孩子用手指按1~25的顺序依次指出其位置，同时诵读出声，家长在一旁记录所用时间。

11	18	24	12	5
23	4	8	22	16
17	6	13	3	9
10	15	25	7	1
21	2	19	14	20

评定标准：

7~12岁年龄组，26秒以内读完为优秀，42秒以内读完属于中等水平，50秒以上读完则证明孩子在注意力方面存在较大问题。

12~14岁年龄组，16秒以内读完为优秀，26秒以内读完属于中等水平，36秒以上读完则是在注意力方面存在较大问题。

18 岁以上的成年人，20 秒以内读完属于中等水平。

测试时一定要掌握好计时这一环节，并且要求孩子在说到那个数字时，手要指到那个数字。手不指到数字，不能算对。这一点，事先要对孩子作反复说明。

舒尔特方格既有测试注意力的功能，也有训练注意力的作用，我国宇航员杨利伟经过训练只需 3.04 秒即可完成。舒尔特方格的游戏性也很强，建议家长经常使用。同时，要注意经常换用不同数字排列的舒尔特方格，以排除记忆所起的作用。

多动孩子的两大表现

孩子活泼好动，是他们精力旺盛的表现，也是天性使然。如果你到动物园，就会看到老猴子总是坐在那儿，小猴子总喜欢活蹦乱跳。所以说，活泼好动是孩子的天性，我们不能把孩子的天性错认为是多动。

我给大家介绍一种方法，可以让大家在一分钟之内鉴别自己的孩子是活泼好动还是多动：

要求孩子坐在一张椅子上，头、眼睛、手、脚、腿保持一分钟不动。告诉孩子如果他能做到将会得到什么样的奖励（这个奖励足以让孩子动心）；如果做不到将会受到什么样的处罚（这个处罚足以让孩子感到难受）。反复向孩子讲清要求以及奖罚措施，然后开始计时。

如果孩子在一分钟内能保持不动，那这个孩子平时动得多的话就属于活泼好动；如果这个孩子坚持不了一分钟，那就属于多动。因为多动是一种生理反应，即使自己想控制也控制不了。

特别提醒：在与孩子讲规则以及奖罚条件时，要讲清楚，反复讲，确认孩子对规则与奖罚完全清楚后才能进行测试。

接下来，我们通过案例来具体认识一下多动的孩子的具体表现。

表现一：多动的孩子往往有过人的精力，他们很难坐得住，即使是让他们老实地坐在椅子上一小会儿，都会令其异常难受。他们会抖腿、弹手指，或不停地跺脚，有的甚至会站起来来回走动，更有甚者一刻都停不下来，必须让自己的身体处于“永恒的运动之中”，不管当时的场合是否合适。

阿里是一名埃及小孩，他跟随爸爸妈妈来中国学习和生活，但是他进入幼儿园没多久，就遭到了其他家长的投诉。原来，阿里总是在其他小朋友做功课的时候到处跑，一会儿去洗手，一会儿去拍打其他小朋友的脑袋，一会儿又去弹琴，注意力无法集中在课程活动上，影响到了其他孩子。

老师让他坐下的时候，他总是时不时地在椅子上抖动身体；老师提醒他不要抖动，他虽然能暂时停下一会儿，但是没过多久又开始抖动，甚至抖动得比之前更厉害了。他的这种行为影响到了旁边的孩子，这让阿里更加兴奋了，于是开始边跳边唱，搅得老师再也上不下去课了……

表现二：多动的孩子喜欢喋喋不休地说个不停。

曼丽虽然是个女孩，但在她身上几乎找不到什么文静气。她总是对别人正在做什么感兴趣，却从不关注自己要做的事。当其他小朋友洗手的时候，她要把洗手液倒到别人的手上；当其他小朋友拿橡皮擦改拼音的时候，她会跑过去用铅笔在他们的作业本上乱画。

当老师上课讲课的时候，她会突然问老师："老师，可不可以关上电风扇？"当小朋友们在一起做游戏的时候，她极为兴奋却又不守规则……另外，她经常插队，把队伍搅乱了是她最大的乐趣。为此，亲戚邻居都管她叫"假小子"。

曼丽还有个特点是话多。她常常不分场合地和周围的同学喋喋不休。别人不理她，她也无所谓，坚持要把自己想说的话说完。她说的话也没什么章法，想到哪儿说到哪儿，就连她自己也记不清楚前面说了什么。

于是，无论在家里还是在学校，曼丽都被定义为一个令人讨厌的孩子，虽然她的长相很甜美。

以上就是多动孩子的特点和表现，家长们可以根据这些来判断自己的孩子是否属于多动。要记住：判定一个孩子是否有多动的特征，主要指标不是活动量，而是自我控制的程度。

例如，"动如脱兔，静若处子"的孩子就不属于多动，无法控制自己的语言和行为才是多动的特征。

冲动孩子的 3 个重要特征

冲动的孩子有这么3个重要特征：

一是自制力弱，不能控制自己的言行。

具体表现为无法对自己的行为进行自控，容易受到外部环境和自己情绪的影响。他们总是不等别人把话说完，就抢着回答；在集体游戏或比赛中不能遵照游戏规则，不能等待着按顺序轮流进行；经常去干扰其他儿童的活动，与同伴发生冲突，不受人欢迎；行为鲁莽，不考虑后果，凭一时冲动，把原本良好的愿望变成不好的结果。

当他们有要求时，必须立即得到满足，不能等待；遇到挫折时不能忍受，会出现激烈的情绪波动和冲动行为，甚至常常动手打人，导致别人受伤害。由于难以接受社会性规矩的约束，经常违反校规校纪，受到老师的批评和学校的处罚。而且他们的这些错误经常重复发生，难以改正，也因此成为学校里的“问题儿童”。

小雄是学校里的惹祸大王，从校长到老师，没有一个不认识他的。他太容易冲动了，并且一冲动就动拳头。甚至别的同学闹矛盾，他在一旁看了几分钟，就把事情揽到自己身上，与人打了起来。

出去春游，别的同学都牵着手走，小雄则是和班主任老师牵着手走——没办法，老师怕他在外面惹事。所有的教育招数都用尽了，老师甚至都恳求他千万别这样了，可他依然如故。

别人问他为什么要这样做时，小雄说："我也不是故意的，我事后也后悔呢，就是当时控制不住自己。"

天天现在上小学二年级，由于成绩一直不好，爸爸妈妈就决定给他报一个课后辅导班，但是没有想到，两周之后，课后辅导班的老师打来电话："对不起，我们实在教不了他，请您带着他回去吧。"

天天的家长很气愤，来到辅导班和老师理论。老师告诉家长，老师辅导天天写作业的时候，他不仅不写，反而告诉其他小朋友写作业没有什么意思，一点儿也不好玩。

他还对老师说："没想到你和学校的老师一样没有意思，本来以为到你这里会很好玩，如果没有好玩的东西给我，就不要让我学习！"另外，老师一不注意，他就爬到窗台上，然后不计后果地跳下来，或者不分青红皂白就开始打人。校外教育机构怕出现伤害性"意外事件"，所以才非得要家长把天天带走。

二是在冲动的孩子的世界里，最高准则是什么最有趣，而不是什么最好。

冲动的孩子干任何事情都是以"好玩"和"有趣"为第一准则。至于规范和后果，不在他们的考虑之列。当他们做了"坏事"，或是危险的事情，教育者（老师和家长）总是想通过奖惩的方式来控制和改造他们的行为。

令人遗憾的是，这些措施在冲动的孩子身上一点儿也不起作用，如果说教育体系希望通过奖惩措施的行为训练培养出符合“标准”的正确行为表演者，那么这些冲动的孩子就是另一类“梦游者”。不管现实的奖励也好，惩罚也好，都不足以打动他们，家长们常常感到对他们“哄”也没用，“吓”也没用，根本束手无策。

来看一个美国的“熊孩子”。

贝利的班主任劳拉老师是这样描述贝利“疯狂”的一天的：“贝利这个孩子总是在课堂上乱动。从老师每天最开始讲日历的活动开始，这个孩子就开始用手不断摆弄自己的衣服，还和旁边的女孩子说话。为此，我不得不叫他的名字。当他听到我叫他的名字时，抬头看了我一下，但是没过几秒，他就又开始玩手指了。”

劳拉老师的助教玛莎老师的描述是：“贝利这个孩子太没有规矩了，我在走廊里告诉他：‘你表现得不好！’但他竟然说他不想听到‘不好’这个字眼，如果我再说他不好的话，他就告诉校长。”

山拉小姐是一名代课老师，她眼中的贝利是这样的：

“他每次睡完午觉，都不把自己的小垫子放进自己的柜子里，还总是不耐烦地用脚踢它。有一次，我想帮助他放，他竟然踢我的手。我对他说：‘你必须向我道歉！’他根本不理我。我走到他面前，捧着他的小脸颊认真地和他说：‘你必须现在向我道歉，不然你就会得到伤心脸！’（开心脸和伤心脸是美国幼儿园根据孩子一天的表现在回家时贴上的一枚不粘胶。）他这才小声说了一句：‘Sorry（对不起）。’然后就不管了，跑掉了。”

安德丽娅老师是一名西班牙语老师，她说：

“贝利经常忘记拿午餐盒，当大家已经走进食堂的时候，他看见别的小孩在吃饭，才想起来自己没有带午餐盒。于是，他只好回去拿自己的午餐盒，但是，当他回到教室，他又会忘记自己回教室的目的，就会把书包翻个遍。当他在书包里找到一本故事书时，就会坐在地上读起来。这个时候老师来了，问他在教室里干什么，为什么不去吃饭？他还在故事里沉浸着呢……回到食堂，他又会问：‘老师，我要在自己的三明治上咬几口才算吃完啊？’”

三是冲动行为发生时全然没有自我保护意识，并且事后后悔。

心理学家把人类的反社会行为分为两种情况，一种是道德问题，另一种是心理问题。

前段时间，网络上报道了一名男子在众目睽睽之下公然耍流氓的公共案件。可以说，他被抓住的概率是百分之百，像这种人就属于存在心理疾病。

孩子的不良行为——比如打人，同样也分为两种情况：一种是校园霸凌，另一种是冲动行为。它们的区别点也在于自我保护意识上，如果是校园霸凌，他们会看场合，老师在的时候是不会下手的；如果是冲动行为，那他们会不顾一切，无论谁在场都一样。

另外，在冲动行为平息以后，他们自己也会感到后悔。但这种后悔并不能成为扼制下一次冲动行为的正能量，他们还会一犯再犯。这正好说明他们的冲动行为不是态度问题，而是能力问题。

总之，冲动的孩子时常不能自觉控制自己的行为。其行为由外界刺激引起，爆发突然，缺乏自觉目的性，他们自己也意识不到行为的后果；他们烦躁易怒，时常表现出如哭闹、叫喊等强烈的消极情绪反应，且有较多的攻击行为。上述问题都是学校教育和家庭教育中常见的难题。

缺乏时间概念孩子的 4 种行为风格

美国有一部电影，叫《时间规划局》。影片中，未来人类只能活到25岁。如果想继续活下去，需要通过各种途径如工作、借贷等来换取时间。

没错，在影片里，时间变成了金钱。为了追踪记录每个人的时间，还出现了很多类似银行的时间管理机构，一旦你的时间银行中没有了余额，生命就会被剥夺。

影片以艺术夸张的手法，形象地说明了时间管理的重要性，并劝诫人们，一定要学会管理时间。

在我们的家中和办公室里，都会有钟表，那是在提醒人们要把握时间。我们出门旅行时，机票、车票上都印着时间，告诉你几点之前必须到达机场、车站。

守时，不仅是一种美德，也是正常生活所必需的。时间概念是成功从事任何一项活动都少不了的心理品质。

不专注的孩子的典型表现之一就是缺乏时间概念，这种缺失让家长头疼不已且每天都要面对。有位家长吐槽道：

“有一种困难是叫孩子起床；有一种无奈是孩子做作业太拖拉。”

缺乏时间概念的孩子有以下几个特点：

其一，在他们的内心世界里，只有两种时间，那就是现在和非现在。请看以下例证：

教室里静悄悄的，所有的同学都在准备一周之后的语文期末考试。语文老师非常重视这次考试，因此提前一周就完成了教学内容，剩下的时间留给同学们复习和答疑。但是，老师看到小文一会儿画画，一会儿玩手机，一会儿对着窗外发呆。

老师走过去问：“你考试的内容准备好了吗？”小文一愣，才不耐烦地拿出语文书，趴在桌上看起来，但是没过多久，就贴着语文书睡着了。

对小文来说，考试是一周之后，让不专注的孩子去考虑一周之后的事情，那的确是强人所难。

其二，缺乏责任意识，不把守时当成自己的一种责任。

在学龄前和学龄后，社会对儿童的要求有很大的区别。对学龄前儿童来说，他们无须承担任何社会责任。学龄儿童自上小学的第一天起，就得承担起自己的社会责任，比如：准时上学、认真听课、完成作业、接受考核。

这其中，准时上学和按时完成作业都与时间概念直接有关。不专注的孩子不把守时看成自己的社会责任，因此也就没有时间的紧迫感。

早晨的时间是多么紧张呀，可身为小学五年级学生的婷婷却悠闲得很。妈妈好不容易把她从被窝里拉出来，催促她赶紧洗脸刷牙，她却对着洗手间的镜子发呆，眼睛直直地看着镜中的自己。

妈妈问她在做什么？她说没什么，就是看看自己的形象。吃早点时，她也是磨磨蹭蹭，经常是吃了一半，爸爸看时间实在来不及了，就拿些面包和牛奶，让她在车上吃。把她送到学校门口，眼看马上迟到了，她还是不紧不慢地向教室里走，一点儿着急的样子都没有。

其三，注意的指向性有偏差。

人的注意力应当指向当前最有意义的活动或事件上。比如说，你一边开车，一边想着工作中的一件事，突然，有个行人横穿马路，你会立即中断对工作问题的思考，迅速做出动作，处理当前情境，避免发生交通事故。因为这件事更急迫、更重要，从而列为优先项。孩子做作业的时候，正确的优先项应当是解题，可不专注的孩子却可能把优先项列为逗宠物玩、刷手机，等等。

其四，注意力容易涣散。

做作业拖拖拉拉是不专注儿童的典型表现，他们做作业时常常一会儿喝水，一会儿上厕所，一会儿玩东西，一小时的作业量，往往2 ~ 3个小时也完不成，需要家长在旁时时督促，甚至考试时也因注意力不集中而做不完卷子。一明的爸爸妈妈看着才上小学一年级的孩子每天要写作业写到后半夜，很是纳闷，心想学校怎么会留那么多的作业呢？

后来才发现原来是一明经常因为注意力不集中，在做作业的时候去做其他事了，因此拖拉很晚才能写完。出现拖拉现象的内在原因之一是注意力容易涣散。他们会轻易地被任何外部事件吸引，比如楼梯里的脚步声，隔壁房间的说话声等。

要想完全避开这些外部刺激几乎是不可能的，只有增强自身意志力，提高注意的集中性，才能把自己的思想、意识高度贯注于当前最有价值的活动上。

墙上要有一口钟，它会告诉我们正确的时间；心里也需要有一口钟，借此来组织时间和空间的关系。如果心里的这口钟停了，或者走时不准确了，那墙上的那口钟就成了摆设，不守时、拖拉等现象就会层出不穷。我们的训练工作的重要内容之一，就是调节、修理孩子心里的那口钟。

专栏：时间概念测试指标

游戏测试：

和孩子做一个时间测试游戏，让孩子估计一下一分钟的时间有多长。家长喊开始后计时，孩子觉得到一分钟了就喊停，看看孩子对一分钟的感觉是否精确？

预估完成时间：

让孩子做一件事情，先让孩子预估完成的时间，然后计时，等他做完之后，看看与他预估的时间有多少差异。

以上两个小测验，如果误差的时间在10%以内，说明孩子对时间的把握度很高，能够自己支配自己的事情，不需要依赖成人的指令行事；如果误差时间超过20%，说明孩子对时间概念很模糊，不清楚自己在规定的时间里能做些什么事情，也不清楚自己做事的效率；如果误差时间超过50%，说明孩子根本没有时间概念，完全不知道该如何计划时间，更不知道该如何支配时间。

附录 2

父母有这些特质，孩子想不优秀都难

在你行将读完本书之际，我将优秀父母的18条特质一一列出来，意在给你提个醒：遵循科学规律，方能实现初心。

1.如果你站在一座大宅院门口，大门紧闭着，你进得去吗？进不去！如果大门开了一条缝，你进去会有些困难；如果大门是敞开的，你可以轻松而自由地出入。就像俄罗斯大教育家乌申斯基的名言：“注意，就是那扇门，一切进入心灵的东西都必须通过这扇门。”

2.专注，就是把所有光线集中到一点的凸透镜，是学习力中最具有凝聚效力、整合效力的品质，也是形成观察力、记忆力、想象力与思维能力的基础条件。只有专注的人才能在艰苦的学习之路上一路狂奔，最终达成自己的目标。

3.我们不是在治疗“问题儿童”，而是在塑造卓越者。家长一定要建立明确的优势取向的教育定位，因为优势取向可以带来希望、热情和正能量，而问题取向只会消灭希望、浇熄热情，并让正能量消失。

4.有时候，有分心情况的孩子实在很难让人喜爱，但这些孩子最需要父母的爱，因为他们在别处得不到爱。只要你持续爱孩子，并信任这份爱，几年之后，孩子的优势自然会慢慢浮现。如果没有爱，优势或者无法显现，或者会受到扭曲。

5.跟上孩子的脚步，倾听他们生命的声音。多花时间和孩子相处，注意看、注意听，和他们互动，但不要东管西管或唠唠叨叨，不要担心事情做得如何。对于不专注的孩子，更要这么做。

6.我们如果生病了，不会抓把药就往嘴里塞，而是去看医生，让医生诊断我们的病情，然后对症下药。强烈建议给所有存在专注力问题的孩子做一下精准的专业专注力测试。那会给专注力的培养与训练指明方向、选择手段与把握力度。

7.所有的儿童、青少年心理问题，都与家庭环境与教养方式有关。如果家长只督促孩子注意力集中，安心做作业，自己却看电视、打麻将，那孩子是无论如何也做不到你的要求的。在对孩子提出要求之前，先检讨一下自己的所作所为。

8.任何时候、任何情况下，都要努力避免让孩子进入病人角色与差生角色，也别让孩子用分心作为借口，降低期望标准或者放弃努力。

9.人要做自己该做的事情，不要做自己不该做的事情。该做的事情不做，这不对；不该做的事情做了，也不对。古人云："不在其位，不谋其政。"家长代替老师教书，代替孩子检查作业，代替孩子管理自己的生活，会把事情搅得一团糟，那肯定是你不愿意看到的。

10.作为家长，要避免阴晴不定地对待孩子，不能一会儿心疼孩子，一会儿又生他的气。所有的孩子都会有时可爱，有时可恶，尤其是不专注的孩子。请保持一种平静的心情。如果你和孩子一样，忽冷忽热，家庭生活就会变得非常不稳定，让人无法预测。在这种环境中，孩子的心理很难健康成长。

11.如果把采用题海战术、让孩子狂做题看作“地毯式轰炸”，那么找出孩子重复性、规律性的错误并予以纠正就是“精确打击”。无论从效果来讲，还是从资源节约的角度来看，后者的效益与效率都高于前者。一定要保管好孩子的各种试卷以及作业本，它们有着极高的价值。作为家长，一定要明白，试卷中的错误往往就是提升成绩的最佳切入点。

12.千万别把孩子搞得苦不堪言。当一个学生掉进厌学的坑里，会很难自拔。永远记住高效学习的秘诀：不是抓紧每一分钟去学习，而是抓紧学习时的每一分钟。

13.不要指望着把孩子不专注的负面特质全部清除，这是不可能的，院子打扫得再干净，还是会有几棵杂草。要知道，杂草对生态平衡也有意义。尽善尽美是一种理想状态，但不是现实情况。在教育和培养孩子时，一定要摒弃“完美情结”。

14.在关键的时间做正确的事。机会稍纵即逝，孩子的成长只有一次，没法从头再来。小学阶段是矫治与训练专注力的关键期，不要辜负这大好时光。

15.在不专注孩子的家庭中，孩子每天都会与家人进行无休止的斗争。这种负向的互动拥有极大的杀伤力，就像酗酒家庭的商标是“否认”孩子，而不专注家庭的商标是“斗争”。请谨记，我们是在与孩子不专注行为负面特征作斗争，而不是与孩子作斗争。

16.试着打破恶性循环，建立良性循环。奖励并鼓励成功，让孩子制订正向的目标，而不要事先预设会失败。正向思考是不专注孩子家庭面对的最大的挑战，一旦孩子开始正向思考，结果会非常棒。

17.不论你给孩子的建议包含了你多少善意或多么具有建设性，在提出任何建议之前，都要先建立某种良好的关系。在学校里，我们经常会看到一个孩子因为喜欢某位老师而喜欢上这门课。同样的道理，孩子和父母关系融洽，才会乐于接受家长的建议以及提供的训练方法。

18.“开卷有益，戏无益”，这话只说对了一半。正确的说法应该是：开卷有益，戏也有益。孩子会在游戏中成长，他们会在游戏中发展出“我可以做这个”或“我想做这个”的感觉，这会让他们满心期待着明天。这些都是快乐人生的指标。对于不专注的孩子而言，游戏还是发泄旺盛精力，学习社会规则的重要工具。当然，如果游戏中还有训练专注力的要素，那就一举多得啦！

附录 3

你肯定感兴趣的教育话题

我的工作室常常会举办家庭教育沙龙。优雅的江南庭院里，鲜花绽放，一杯香茗，几碟水果，一群妈妈们在畅聊教育话题……下面我辑录了部分我和妈妈们聊天的一些片段,分享给读者朋友们:

女孩的智力不如男孩吗

妈妈：芮老师，我家有一个女孩，人们都说女孩的智力不如男孩，是这样吗？

芮老师：全世界的心理学家都对这个话题感兴趣，也做过许多相关的研究，所得结论都惊人得一致——**从总体上看，男女的智力水平基本持平，女性的智力不比男性差。**

在感知方面，女性的视觉、肤觉比男性强，男性的视觉反应速度比女性快；男性的空间视觉能力较女性强，女性的听觉敏锐度和声音定位能力较男性强。

在记忆方面，男性一般长于意义识记和抽象符号记忆，而女性则长于形象记忆和机械记忆。

在想象方面，男性倾向于逻辑性，女性倾向于形象性。

在语言方面，女性的语言发展较早，流畅性、形象性较男性好；男性在语词的变通性、抽象性方面则优于女性。

在思维方式方面，女性的情感更细腻，更善于形象思考，言语表达更流畅，有更强的艺术能力；男性在灵活、创造性地运用知识、解决实际问题方面的能力较强。

妈妈：我听有些老师在私下说过，女生在小学的时候比男生聪明，到了初中最多只能与男生持平了，到了高中就肯定不如男生了。这话对吗？

芮老师：在现实生活中，确实存在这种现象，但与智力水平无关。造成这种现象的原因有三种：

一是小学阶段的学习内容有利于女生，高中阶段的学习内容有利于男生。

二是女生的动机水平普遍高于男生。在学习较简单内容时，偏高的水平动机学习效果好；在学习复杂内容时，偏低的动机水平效果更好。

三是和社会、家庭对男孩期望值比较高，对女孩的期望值比较低，不同的期望值，最终会造就不同的学习结果。

在这三个原因中，期望值的影响力度最大。现代人的观念在逐步转变，对女孩的期望值日渐上升，所以现在女生在班上的成绩名列前茅，甚至在高考时，拿下市一级、省一级的高考状元已不是什么新闻了。

考试怯场，如何应对

妈妈：孩子很快就要中考了，这是他人生中的第一场重大考试，我的心一直悬着。我不是担心孩子掌握的知识太少了，而是她一到重要的考试就发挥不好，这可咋办呢？

芮老师：我完全理解你的心情。在考场上，最让人感到遗憾的事情，不是遇上从来没见过的题目，而是这道题考前会做，考后也会做，就是在考试的那段时间内不会做。

考试怯场是一种很常见的临场应激心理障碍。在考试时容易怯场的孩子，多数在以前就有过考试发挥失常的经历。这种经历，会不断地在脑海里出现，一到考场上，他们就会自我怀疑，如果见到陌生题或难题，就更是乱了方寸。

所以说，“预先恐惧”是造成孩子考试怯场的罪魁祸首，而克服“预先恐惧”的方法是进行积极地回想。

具体做法是：闭上眼睛，回想曾经那些发挥得很好的考试经历，在回想中，要尽可能地想那些细节：当时考的是哪一科目？考场是一个什么样的环境？自己穿的是什么衣服？用的是什么笔？坐在自己周围的同学有哪些？当时那种下笔如有神的状态是怎样的？考完后走在回家的路上什么样的心情？……然后把这些场景定格在自己的脑海中，并反复暗示自己：在马上要参加的考试中，我就是这种状态和这种表现，不会错的，就是这样的！

接下来，我们还要再对自己做以下暗示：只要我把眼镜扶一扶，怯场表现就会无影无踪；只要我咳嗽两声，顿时会精神振奋、头脑清晰；只要我扯一扯衣服，我的注意力就能完全集中到考试上来了。

这个方法需要每天训练两次，持续训练一周以上。然后到考试的时候，一旦出现怯场的苗头，就立刻实施，你别不信，很多人通过这种方法，改善了考试怯场的状况。

最好的教育是什么

妈妈：芮老师，我一直想给孩子最好的教育，但我又不知道最好的教育是什么？你能说说什么才是最好的教育吗？

芮老师：其实教育好不好都是相对的，没有所谓的最好的教育，但我认为好的教育有以下几点特征：

施教是无痕的——庄子云："大音希声，大爱无痕。"这句话是说无形无声是音乐的最高境界；而春风化雨才是最伟大的爱。教育和爱一样，好的教育应该是无痕的，教育的痕迹愈重，教育的效果也就愈差。有一种教育方式叫暗示，就是用含蓄的、间接的方式，对孩子的心理和行为产生影响；在轻松的氛围中，以非对抗的形式，于不经意间将某种理念、规则、方法、信条传递给受教育者。

气氛是和谐的——人和人在交流，尤其是在说服对方的时候，若在不和谐的气氛下，肯定是不顺畅的。只有气氛良好，才能更好地教育孩子。

过程是简洁的——在教育孩子时，父母绝不能作长篇的说教，那会把事情搞得愈来愈复杂。只要在关键时刻点拨一下孩子，就远胜于跟孩子打持久战。

场景是随意的——家庭教育，愈是在不经意之间，效果可能会愈好。

最无私而又困难的爱

妈妈：孩子上小学时，他放学回家后，总会把学校里的趣事，绘声绘色地讲给我们听，可一上初中，他回家之后说一声“我回来了”，便一头扎进自己的卧室，不再主动与我们说话了。以前我们一起上街的时候，他总要拉着我们的手，现在却变得不喜欢我拉他手了。

芮老师：爱并不仅仅是一种感情的简单流露，而是一种能力。而作为所有爱的形式中最原始、最伟大的母爱，更是一种能力。这是一种什么样的能力呢？著名心理学家弗洛姆在他的代表作《爱的艺术》中，就做出了精辟的阐述，下面我与大家分享：

基于母爱的这种忘我无私的特点，母爱一直被看作是爱的最高形式和最神圣的感情联系。但是，看起来，母爱中值得赞美的东西还不是母亲对婴儿的爱，而是母亲对成长着的孩子的爱。大多数的母亲在她们的孩子还尚小，而且完全依赖她们的时候，她们的确很爱自己的孩子。大多数的妇女希望生孩子，由于孩子的诞生而感动幸福，而且急不可待地希望自己来照顾自己的孩子，尽管她们除了孩子脸上的笑容和满意的表情之外一无所得……

但是，孩子必须长大，必须脱离母体和母亲的乳房，必须成为一个完整的，独立的生命。母爱的真正本质在于关心孩子的成长，这就意味着也关心母亲和孩子的分离。伟大的母爱不仅仅应该允许这种分离，而且应该希望并促成这种分离。只有在这个阶段，母爱才成为一项艰巨的任务，因为这个时候就要求母亲无私并能够贡献这一切，除了被爱者的幸福一无所求，但是恰恰在这一点上许多的母亲都失败了。自恋的、专制的和贪婪的母亲在孩子尚小的时候，可以是一个很疼爱自己孩子的母亲，但是当孩子处于同母亲分离的阶段时，只有那些真正有能力爱的母亲，那些觉得“给”比“得”更幸福的母亲，那些生命之根很扎实的母亲才会继续是一个疼爱自己孩子的母亲。

对正在成长的孩子的爱，这种忘我无私的母爱也许是爱的最困难的形式。但是母亲对孩子的爱是那么的自然，所以往往给人一种容易做到的假象。正因为难以做到这一点，所以只有有能力爱的母亲，才能成为真正爱孩子的母亲。在这个意义上来说，没有能力爱的母亲当她们的孩子幼小的时候，可以是一个很娇惯孩子的母亲，但是永远成不了爱孩子的母亲，检验这一点的试金石，是看一个母亲愿意不愿意忍受同孩子的分离，以及在分离之后能不能继续爱孩子。

别指望孩子完美

妈妈：其实，我的孩子算得上很优秀了：学习成绩在班上名列前茅，平时也没有不良的行为表现，老师和亲朋好友都夸奖他是一个好孩子！可是，我觉得孩子还不够完美，身上还有一些不足，比如在陌生的场合他还是放不开，身体的协调性比较差，体育成绩很差，还有……

芮老师：您就别再往下说了，如果我们要找一个人的不足，可以很容易找出来。一个人只要有优点就会有缺点。他的优点越突出，缺点也越明显。或者说，他的优点正是他的缺点，他的缺点也正是他的优点。

妈妈：芮老师，你这话都把我说糊涂了。

芮老师：好吧，我给你讲一件事：

有人向他做猎头的朋友推荐了一位博士生，让他帮博士生找工作。当他描述了这位博士惊艳的学习经历和成就后，心里的预期是：做猎头的朋友一定会发出一声赞叹，然后向他索要博士的个人资料。

谁知他的朋友却来了一句：这人情商不高吧？

听了这句话，他懵了，做猎头的人果然厉害，他说得一点都不错，这位博士的情商还真不高。

猎头公司的朋友又说：我不是说他不好、不优秀。我只是想了解一下他的全面情况，看看他最适宜做什么样的工作。像这类人，只适合做与“物”打交道的工作，而不适宜做与人打交道的工作。因为智商高了的人，情商一般就会偏低，这叫有一得必有一失。

妈妈：哦，原来是这么回事。

芮老师：我再跟你说个小故事：有一个人非常幸运地得到了一颗硕大而美丽的珍珠，然而他并不感到满足，因为那颗珍珠上有一个小小的斑点。他想，若是能将这个小小的斑点剔除掉，它肯定会成为世上最珍贵的宝物。于是，他下狠心削去了珍珠的表层，可是削掉了珍珠表层之后，斑点还在；他又削去了第二层，原以为这下他可以把斑点去掉了，殊不知它还在；他又不断地削掉一层又一层，直到最后，那个斑点没有了，而那颗珍珠也不复存在了。

所以，我们不要追求孩子的完美。因为一个人是不可能完美的，完美的人也不可爱。我们做妈妈的，千万不要有完美情结，这对孩子的成长与发展不利，对你自己也不利。对孩子的一些无关大局的小缺点视而不见，可能是最得体的教育。

惩罚孩子，还是发泄自己的情绪

来访者：我常常在儿子犯错的时候，狠狠地揍他，打完以后，又觉得自己下手太重了，后悔不及，可当时就是控制不住自己。

芮老师：请回忆一下，你总是在什么情况下打孩子？

来访者：当然是在我气得不行的时候。

芮老师：那就表明你打孩子，并不是为了教育孩子，只是为了发泄自己的情绪。

来访者：这……这……

芮老师：难道这不是事实吗？

来访者：是的，你说的的确是事实。

后来来访者反映，从那以后，他再也不打孩子了，因为他感觉这种行为对孩子是不公平的。

提前教育好不好

妈妈：芮老师，有人说不能让孩子输在起跑线上，又有人说这话不对，你是怎么看的？

芮老师：这话要看我们怎么理解。如果理解为在特定阶段，及时为孩子提供相应的教育，肯定没错。但如果理解为和其他孩子“比早”，那就错了。遗憾的是，大部分人对这句话的理解，可能是后一种。

现在，在幼儿园或学前班里，孩子学习写字和算术已经成了常态；对于幼儿园的孩子背书包上学这件事，人们已经是见怪不怪。家长们担心自己的孩子会落后于他人，觉得早一点总比晚一点好。但这么做真得好吗？

有一位小学一年级的老师说，在她所教的班级里，提前上学的孩子有很多，这些孩子有的坐姿不正确，有的写字就像画画儿一样，有的学了“神算”，做起算术来更是错误百出。还有其他小学老师反映，有些入学前就认了几百个甚至更多字的孩子，在学习的时候总觉得有些字似曾相识，就不注意听讲了，所以最后得到的知识总是不清晰的。

做过饭的人都知道，饭一旦夹生了，就没法挽回了。由于在不恰当的时间，对孩子进行了不恰当的教育，就会产生一些不良的后果：**一是孩子在正式学习时，注意力会不集中，因为他会认为自己已经学会了；**

二是那些深入他们内心深处的似是而非的知识，纠正起来比较困难；三是他们没有了初始学习的新鲜感和成就感。

孩子说谎了，为什么

妈妈：我的孩子现在学会说谎了，这怎么得了啊！小小年纪就这样，长大了咋办？

芮老师：您先别着急，孩子说谎多数与道德无关，是下面这些原因造成的：

第一个原因是心理水平所限，他们常常把现实世界与想象世界混淆。

达尔文小时候对父亲说："我正在研究给植物注入一种'秘密液体'，让它开出一种能改变颜色的花。"这当然是达尔文的一个"谎言"，可是他的父亲既没有戳穿他，也没有斥责他，而认为他儿子的想象力非常丰富。所以，对孩子的这类谎言，我们大可不必认真，最好是一笑了之。

第二个原因是环境的耳濡目染。

爸爸的手机响了，"是张总吗？"

"是我。"爸爸回答说。

"您在家吗？我想找您有件事。"电话里的人问。

"我在外地出差呢，要过几天才能回来。"

儿子在一旁听了个真切，他知道老爸在说谎，却是一脸从容。孩子的社会性行为，主要是通过模仿学习的，于是也就不把说谎当回事了。

第三个原因是对恶劣环境无奈的抗争。

孩子与奶奶单独在家，奶奶在逗孩子玩，“你最喜欢谁？”

孩子答道：“我最喜欢姥姥。”

“你到底最喜欢谁啊？”奶奶装出不高兴的样子。

“我最喜欢奶奶”。孩子乖巧地说。

“这才是好孩子，让奶奶亲一下！”

原来说点谎，是可以招人喜欢的，孩子在潜意识中明白了这个道理。趋利避害是人类的本能，它与生存直接有关，这种情况下的说谎是被逼无奈的。

妈妈：哦，原来孩子说谎是这么回事，主要还是与大人有关。

芮老师：对的！**我们要以宽容的眼光去看待孩子的谎言，要给孩子树立榜样，要创造让孩子说真话的环境氛围。**

不听话，是因为你没说出道理

妈妈：儿子已经进入青春期了，我们两口子的直观感受有两个：一个是他的个头长高了，另一个是我们跟他说啥，他都不爱听，总是和我们对着干，你说东他偏往西，很不听话！

芮老师：我们首先要知道的是，这些现象都是孩子长大的表现，但是在与孩子交流的时候，我们要注意改变方式，不能我们说什么，都让他们听从。他们不听话，最大的原因是你没说出让他信服的道理。

当孩子进入青少年期以后，与幼儿期、童年期最大的变化之一，就是他们不仅要知道“是什么”，还想知道“为什么”。孩子小的时候，家长会告诉他这是什么，那是什么；这东西可以吃，那东西不能碰；这个是好人，那个是坏人。孩子会照单全收，言听计从。

可是当孩子进入青少年时期，他们有了自主意识，在需要外部世界提供“是什么”信息的同时，还要提供“为什么”的信息。也就是说，他们需要的，不是一个简单结论，而是一个有理有据、令人信服的判断。我们一定要和孩子讲道理，如果你的道理很充分，论据也很扎实，孩子没有理由，也没有必要与你对着干。

所以，在孩子进入青少年期以后，教育的方式要有变化，摆事实、讲道理、有论证、要讨论这12个字必不可少，尽管这比过去有点麻烦。